철도 비상 시 조치 I

4호선 VVVF 전기동차 고장 시 45개 조치법

원제무 · 서은영

박영사

머리말

　철도기관사가 운전 중 전기동차가 고장이라도 나면 참으로 난감해진다. 어떻게 하지? 무엇이 잘된 것일까? 관제실에 연락을 해야 하나? 하는 등 순간적으로 수없이 많은 질문이 튀어 나오기 마련이다. 이럴 때 '고장 시 조치법'을 하나 하나 알아 놓고 제대로 익혀 두었다면 전혀 당황하거나 긴장할 필요가 없을 것이다. '철도 비상 시 조치'는 기관사에게 철도 고장 시에 자신 있게, 그리고 효과적으로 대처하는 방법을 알려 주는 과목이다.

　'철도 비상 시 조치'책은 수많은 '고장시 조치'와 관련된 배경적 지식, 전문성, 그리고 마음과 생각의 결이 자장 잘 드러나 있는 공간이라고 해도 과언이 아니라고 하겠다. 우선 철도 비상 시 조치라는 과목을 집필하면서 전동차 구조 및 기능, 도시철도시스템, 운전이론, 철도운전규칙 등을 아우르는 안목과 지식이 필요하다는 깨달음을 수없이 얻게 된다. '비상 시 조치'와 관련된 과목에서 탄탄한 기초를 쌓으면서 열정으로 불타는 다리를 건너 넘어와야 비로소 '철도 비상 시 조치'에 다다를 수 있다는 것을 철도와 관련된 여러 책을 쓰면서 알게 되었다. 다시 말하면 철도의 과목 별로 저자의 내공이 구석 구석 스며들어 있어야 철도 비상 시 조치에서 저자 스스로 그 연계성에 긴 호흡의 숨결을 느끼게 되는 것이다. 즉 저자의 입장에서는 그동안 다른 과목에서 전문지식을 풀어내며 글을 쓴 긴 여정에서 막바지에 회포를 푸는 심정이라고나 할까?

그래서 '철도 비상 시 조치'는 철도차량운전면허 시험과목의 결정판이라고 할 수 있다. '철도 비상 시 조치'라는 책을 마주하게 되면 철도기관사가 철도 운전 중에 일어날 수 있는 비상상황에 대비 대처하는 능력을 길러 주는 길로 접어든다는 느낌을 받게 된다. '비상 시 조치'과목은 세 가지 영역으로 나누어진다. '비상 시 조치' 과목은 첫째, 4호선 VVVF 전기동차 고장 시 45개 조치법, 둘째, 과천선(KORAIL) VVVF 전기동차 고장시 47개 조치법, 셋째, 인적 오류와 이례상황으로 구성되어 있다.

그럼 '고장 시 조치'가 왜 필요할까? 수험생이 '고장시 조치'를 공부하는 목적은 세 가지이다. 우선 '비상 시 소치(20문제)'라는 필기시험 과목에 합격하기 위해서이다. 또 한 가지 중요한 목적은 필기시험 합격자에 한해 치러지는 기능 시험에 대비하기 위해서 필요하다. 이는 고장시 조치법을 상당 부분에 걸쳐서 이해하고 있어야 실제 시험장에서 기능시험(실기)을 볼 때 효과적으로 대처할 수 있기 때문이다. 마지막으로 '고장시 조치법'을 터득해야 궁극적으로 전기동차 운전 시에 안전하고 효율적인 운전할 수 있게 된다는 점이다.

여기서 철도차량운전면허 기능시험 장면을 떠올려 보자. 기능시험은 운전실(전기능모의운전실 또는 실제 차량) 내의 평가관이 수험생 옆에서 수험생에게 집중적으로 구술평가 질문을 하는 시험 방식이다. 수험생은 긴장하여 운전하느라 정신이 없다. 그런데 평가관은 쉴 새 없이 지속적으로 날카로운 질문을 던진다. "전체 팬터그래프 상승 불능 시 조치는 어떻게 해야 할까요?", "주변환기(C/I)고장 시 조치는?", "교직절환 후 주차단기(MCB) ON등이 계속 점등 시 어떻게 해야 할까요?", "교류피뢰기 동작 시 현상과 조치는 어떻게 되죠?" 수험생이 이런 평가자의 예상질문에 능숙하게 답변하려면 '비상시 조치'에 대해서는 충분한 이해를 바탕으로 머릿속에 하나하나를 모두 집어넣고 있지 않으면 안 된다.

'비상시 조치'과목은 20문제가 출제된다. 기출문제의 출제경향을 보면 4호선과 과천선에서 모두 10문제 정도가 나온다. 나머지 10문제는 인적 오류와 이례상황에서 출제된다. 이 책을 통해 철도 분야에 입문하는 학생, 수험생, 철도종사자, 철도관련 자격증 및 철도차량 운전면허 준비자, 승진시험을 준비하는 철도 종사자 등이 '비상 시 조치'라는 시험과목에 우수한 성적으로 합격하게 된다면 저자들로서는 이를 커다란 보람으로 삼고자 한다.

이 책을 출판해 준 박영사의 안상준 대표님의 호의에 항상 감사를 드린다. 아울러 이 책의 편집과정에서 보여준 전채린 과장님의 격조 높은 편집과 열정에 마음 깊은 고마움을 느낀다.

저자 원제무·서은영

차례

제1장

4호선 VVVF 전기동차
고장 시 기본조치법

제1장

4호선 VVVF 전기동차
고장 시 기본조치법

1. 편성

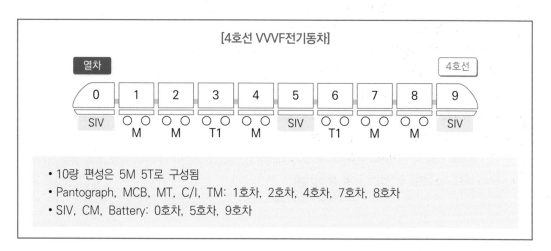

[4호선 VVVF전기동차]

- 10량 편성은 5M 5T로 구성됨
- Pantograph, MCB, MT, C/I, TM: 1호차, 2호차, 4호차, 7호차, 8호차
- SIV, CM, Battery: 0호차, 5호차, 9호차

2. 기본조치법

1. 당황하지 말고 마음의 여유를 갖는다.
2. TGIS화면, 고장표시등, 운전실계기등, 차측등 등을 확인하여 고장차량 및 고장상태를 파악한다.
3. 상황에 따라 1차 RESET 스위치를 취급한다.

4. MCB가 차단된 경우에는 MCB를 재투입하여 복귀한다.

5. 복귀 불능 시 재차 동작 시는 VCOS를 취급하여 고장차량을 개방한다.

6. VCOS 취급으로 고장차량 개방 불능인 차량은 완전부동취급한다.

7. 상황에 따라 즉시 완전 부동취급한다.

8. 고장차량 개방 또는 완전부동취급 후 필요 시(M차가 1,4,8호차인 경우) 연장급전한다.

9. 잔여 출력(4/5출력 또는 3/5출력 등)으로 전도운전한다.

10. 상기 조치로 불능 시 전기동차 기동정지 후 다시 기동한다.

(Pan 하강, 제동핸들 취거하고 10초 후 재기동)

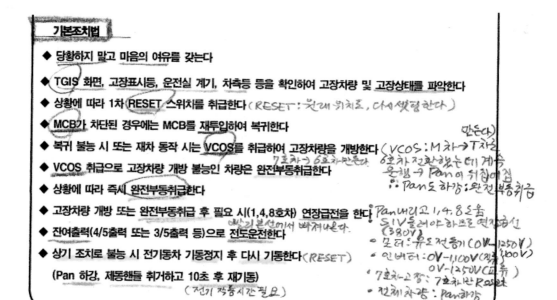

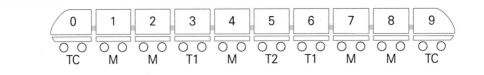

- 10량 편성은 5M 5T로 구성됨
- Pantograph, MCB, MT, C/I, TM: 1호차, 2호차, 4호차, 7호차, 8호차
- SIV, CM, Battery: 0호차, 5호차, 9호차

[기본조치법]

- 고장확인 TGIS, 고장표시등, 운전실 계기, 차측등 등을 확인
- 1차 RESET
- MCB차단시 MCB재투입(MCBOS → MCBCS)하여 복귀 (그냥 CS만 취급해서는 안 된다. Keep Relay 작용 때문에 다시 오픈했다가 접촉시켜라)
- 차단기 복귀불능 시, 재차 동작 시는 VCOS(Vehicle Cut-Out Switch)를 취급 고장차량 개방
- VCOS취급으로 복귀불능시 완전부동 취급(7호차, 8호차를 6호차처럼 만들어라)
  이때 1,4,8호차 고장 시는 연장급선한다.
- 불능 시 재기동한다(Pan 하강, 제동핸들 취거 10초 후 재기동)

예제 다음 중 4호선 VVVF전기동차의 고장 시 기본조치법이 아닌 것은?

가. 상황에 따라 1차 RESET 스위치를 취급한다.

나. MCB가 차단된 경우에는 MCBCOS → Reset → MCBCS를 거쳐서 복귀시킨다.

다. 고장차량 개방 또는 완전부동취급 후 필요 시(M차가 1, 4, 8호차인 경우) 연장급전한다.

라. VCOS 취급으로 고장차량 개방 불능인 차량은 완전부동취급한다.

해설 MCB가 차단된 경우에는 MCB를 재투입하여 복귀한다.

[전동차의 기동 과정]

1) 첫 단계: 최초에 기관사가 제동 핸들을 꽂으면 배터리전압을 통해 103선이 가압된다.
2) ACMCS스위치를 누르면 M차에 있는 ACM이라는 보조공기압축기가 작동(녹색등 깜박이다 멈춤)
3) 이때 PanUS를 누르면 Pan상승
4) 전차선 전원을 받을 수 있게 된다.
5) MCB(주차단기) 투입되면 전원이 내려와서 MT(주변압기) 쪽으로 들어간다.
6) MT에서는 주변환기(C/I),그리고 SIV 통작시킨다.
7) SIV가 전류를 받으면 Bat을 계속적으로 충전시키고, CM공기압축기가 동작
8) SIV가 작동되면 난방, 냉방장치가 동작
9) 노치를 당기면 전동기가 역행

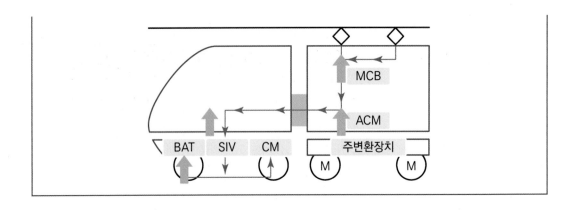

제2장

103선 가압불능시·
ACM구동불능시

제2장

103선 가압불능시 · ACM구동불능시

1. 103선 가압불능시

조치 1 전부 TC차 BatKN1 차단(트립)으로 103선 가압 불능 시

－축전지 전압은 103선 기동 시 Pan 상승을 위해 한 번 활용한다.

－그 다음부터는 PanR이 계속 K(BatK)를 접속 시키게 되어 더 이상 축전지 전압은 쓰지 않는다.

－그 후 방전이 생기지 않도록 지속적으로 배터리에 전원을 공급해 주어야 한다.

[직류모선(103선)가압회로]

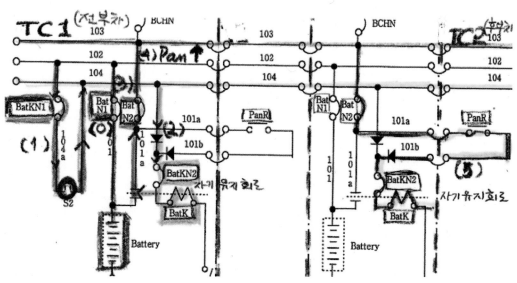

[직류모선가압회로의 BatKN1]

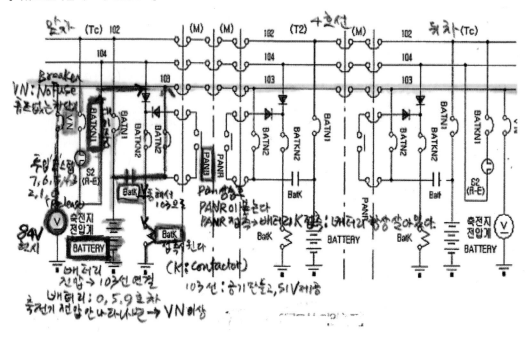

[현상]

제동제어기 핸들을 투입하였으나 직류모선(103선)이 가압되지 않으므로 다음의 현상이 나타나지 않는다.

[직류모선 가압 시 현상]

① 축전지전압계에 약 84(V)가 현시된다.

② 운전실이 선택된다(전부운전실 HCR여자, TCR여자)

③ ATS구간에서는 ATS Alarm Bell이 순간 울리고 45km/h로 초기설정된다.

④ ATC구간에서는 ADU(차내신호기)화면이 현시된다.

⑤ TGIS화면이 초기화된 후 현시된다.

⑥ CIIL등이 점등된다.

⑦ DOOR등이 점등된다(출입문 닫힘상태)

[직류모선(103선)가압회로]

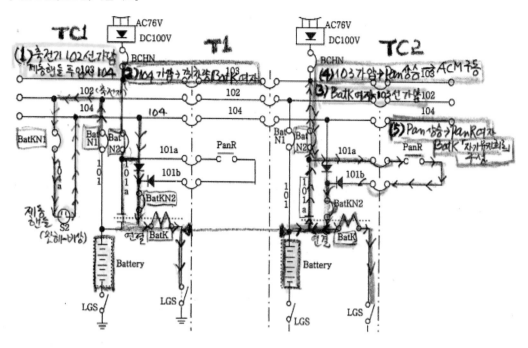

[원인]

전부운전실 BatKN1차단 시

[조치]

전부운전실 BatKN1차단 여부 확인, 복귀

[참고] 103선 가압불능 시 확인해야 할 사항

- 운전실 VN 축전지 전압 0 (V)현시한다.
- 전, 후부 운전실 및 T2차의 BATN1이 모두 차단되는 경우에는 직류모선(103선)이 가압되지 않는다.
- 전, 후부 운전실 및 T2차의 BatN2가 모두 차단되는 경우에는 직류모선(103선)이 가압되지 않는다.
- 전, 후부 운전실 및 T2차의 BatKN2가 모두 차단되는 경우에는 직류모선(103선)이 가압되지 않는다.

예제 다음 중 4호선 전기동차의 직류모선 가압 시 현상으로 틀린 것은?

가. ATS구간에서는 ATS Alarm Bell이 순간 울리고 25km/h로 초기 설정된다.

나. ATC구간에서는 ADU(차내신호기)화면이 현시된다.

다. CIIL등이 점등된다.

라. DOOR등이 점등

해설 ATS구간에서는 ATS Alarm Bell이 순간 울리고 45km/h로 초기 설정된다.

예제 다음 중 4호선 전기동차의 직류모선 가압 불능 시 확인해야 할 사항이 아닌 것은?

가. 전, 후부 운전실 및 T2차의 BATN1 차단 여부

나. 전, 후부 운전실 및 T2차의 BatN2 차단 여부

다. 전, 후부 운전실 및 T2차의 BatKN2 차단 여부

라. 운전실 VN 축전지 전압 74 (V)현시 여부

해설 직류모선 가압 불능 시 '운전실 VN 축전지 전압 0 (V)현시 여부'를 확인한다.

예제 다음 중 제동제어기 핸들 삽입 후 각종 표시등이 소등되고 103선 가압이 불능 시 확인사항
이 아닌 것은?

가. BatN

나. BatkN2

다. BatkN1

라. VN

해설 VN은 103선 가압불능시 확인 사항이 아니다. VN 차단 시는 축전기전압계가 '0'V를 현시한다.

[용어설명]
- BatK(Battery Contactor): 축전지 접촉기
- BatKN1,2(No-Fuse Breaker BatK): 축전기접촉기 회로차단기
- ADAN(AC-No-Fuse Breaker): 교직절환 교류용회로차단기
- ADDN(DC No-Fuse Breaker): 교직절환 직류용회로차단기
- PanV(Pantograph Magnet Valve): 팬터그래프 전자변
- PanVN(No-Fues Breaker PanV): 팬터그래프 전자변 회로차단기
- MCB(Main Circuit Breaker): 주차단기
- MCBN1,2(Main Circuit Breaker MCB): 주차단기 제어회로차단기 1,2(1=교류, 2=직류)

예제 열차운행 중 전차선 단전사고 시 조치에 대한 설명 중 (   )안에 들어갈 내용으로 맞는 것은?

"기관사는 장시간 단전이 예상될 경우 축전지 방전을 예방하기 위해 (   )해야 한다."

가. Pan하강 및 BC, MC Key 취거
나. 객실등, 냉난방 관련된 차단기를 OFF
다. MCN, HCRN, BRN을 OFF
라. ATS/ATC 차단

해설 장시간 단전이 예상될 경우 축전지 방전을 예방하기 위해 Pan하강 및 BC, MC Key 취거해야 한다.

예제 운행 중 차량 고장 시 일반적인 조치사항이 아닌 것은?

가. 전부운전실에서 조치되지 않으면 후부운전실에서 조치 시도
나. 경미한 고장이면 기관사와 차장이 판단하여 실행하고 추후에 관제사에게 통보한다.
다. 신속한 본선 개통을 우선순위에 두고 조치
라. 차장을 파견하여 응급조치시키고 기관사는 관제보고와 안내방송을 담당

해설 경미한 고장이라도 관제사에 통보

예제 다음 중 4호선 전기동차 직류모선(103선)이 가압되지 않는 경우가 아닌 것은?

가. 전, 후부 운전실 및 T2차의 BATN1이 모두 차단되는 경우
나. 전, 후부 운전실 및 T2차의 BatN2가 모두 차단되는 경우
다. 전, 후부 운전실 및 T2차의 BatKN2가 모두 차단되는 경우
라. 운전실 VN 축전지 전압 0 (V)현시할 경우

해설 운전실 VN 축전지 전압 0 (V)현시할 경우 직류모선이 가압되지 않는다.

2. ACM 구동 불능 시

조치 2   ACM 구동 불능 시

[현상]

ACMCS를 눌러도 ACM이 구동되지 않음 (ACMLp 점등 안 됨)

[전동차의 기동 과정]

1) 첫 단계: 최초에 기관사가 제동 핸들을 꽂으면 배터리전압을 통해 103선이 가압된다.
2) ACMCS스위치를 누르면 M차에 있는ACM이라는 보조공기압축기가 작동(녹색등깜박이다 멈춤)
3) 이때 PanUS를 누르면 Pan상승
4) 전차선 전원을 받을 수 있게 된다.
5) MCB(주차단기) 투입되면 전원이 내려와서 MT(주변압기)쪽으로 들어간다.
6) MT에서는 주변환기(C/I),그리고 SIV 통작시킨다.
7) SIV가 전류를 받으면 Bat을 계속적으로 충전시키고, CM공기압축기가 동작
8) SIV가 작동되면 난방, 냉방장치가 동작
9) 노치를 당기면 전동기가 역행

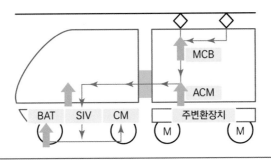

[전동차의 기동 과정]

1) 첫 단계:최초에 기관사가 제동 핸들을 꽂으면 배터리전압을 통해 103선이 가압된다.
2) ACMCS 스위치를 누르면 M차에 있는 ACM이라는 보조공기압축기가 작동(녹색통이 깜박이다가 멈춤)
3) 이때 PanUS를 누르면 Pan상승
4) 전차선 전원을 받을 수 있게 된다.
5) MCB(주차단기) 투입되면 전원이 내려와서 MT(주변압기)쪽으로 들어간다.
6) MT에서는 주변환기(C/I)그리고 SIV를 동작시킨다.
7) SIV가 전류를 받으면 Bat을 계속적으로 충전시키고,CM공기압축기가 동작
8) SIV가 작동되면 난방, 냉방장치가 동작
9) 노치를 당기면 전동기가 역행

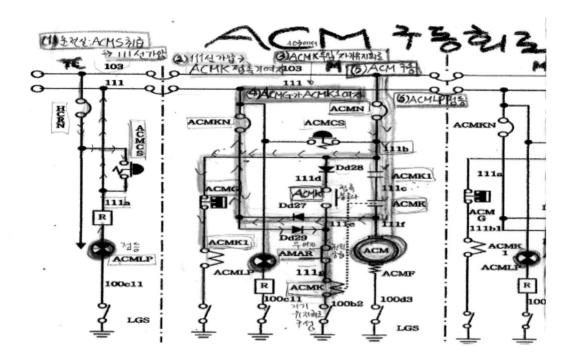

[ACM구동회로]

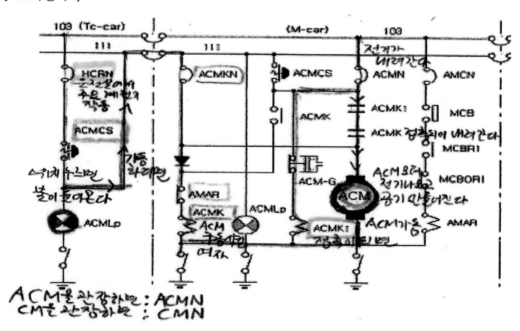

[원인]

① 축전지 전압 70V 이하 시

② 전부운전실 HCRN 차단 시

※ ACM$(6.5 - 7.5 \text{kg/cm}^2)$ ACMCS ACM Lamp

[조치]

① 축전지 전압 70V 이상 확인

② 전부운전실 HCRN 차단여부 확인, 복귀

③ 전부운전실에서 구동 불능 시 후부운전실 또는 M차의 ACMCS 취급

[참고]

1) 축전지 전압이 낮은 경우 ACM 구동방법
   ① 4개의 M차의 ACMN 또는 ACMKN을 차단한 다음 ACMCS를 취급하여 1,4,8호차 중 1개의 M차의 ACM만 구동시킨다.
   ② 1개의 M차의 Pan을 상승하고 MCB투입하면 CM이 구동하여 MR공기가 충기된다.
   ③ 4개 M차의 Pan이 모두 상승된다.
2) ACM 계속 구동 시의 처치
   해당차량의 ACMN ACMKN

[ACM구동회로]

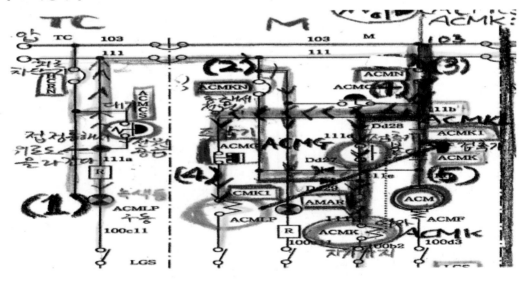

예제 다음 중 4호선 VVVF 전기동차의 축전지 전압이 낮은 경우 ACM 구동방법으로 틀린 것은?

가. 4개의 M차의 ACMN 또는 ACMKN을 차단한다.

나. 1개의 M차의 Pan을 상승한다.

다. MCB투입하면 CM이 구동하여 MR공기가 충기된다.

라. ACMCS를 취급하여 1,4,8호차 중 2개의 M차의 ACM만 구동시킨다.

해설 4개의 M차의 ACMN 또는 ACMKN을 차단한 다음 ACMCS를 취급하여 1,4,8호차 중 1개의 M차의 ACM만 구동시킨다.

[축전지 전압이 낮은 경우 ACM 구동방법]
① 4개의 M차의 ACMN 또는 ACMKN을 차단한 다음 ACMCS를 취급하여 1,4,8호차 중 1개의 M차의 ACM만 구동시킨다.
② 1개의 M차의 Pan을 상승하고 MCB투입하면 CM이 구동하여 MR공기가 충기된다.
③ 4개 M차의 Pan이 모두 상승된다.

예제 다음 중 4호선 VVVF 전기동차 ACM 구동 불능 시 조치사항으로 틀린 것은?

가. 축전지 전압 70V 이상 확인

나. 전부운전실 HCRN 차단여부 확인, 복귀

다. 전부운전실에서 구동 불능 시 후부운전실 또는 M차의 ACMCS 취급

라. 전부운전실 MCN 차단여부 확인

해설 '전부운전실 MCN 차단여부 확인'은 ACM 구동 불능 시 조치사항이 아니다.

[조치]
① 축전지 전압 70V 이상 확인
② 전부운전실 HCRN 차단여부 확인, 복귀
③ 전부운전실에서 구동 불능 시 후부운전실 또는 M차의 ACMCS 취급

예제 다음 중 4호선 VVVF 전기동차 축전지 전압이 낮은 경우 4개 M차 ACMN 또는 ACMKN을 차단한 다음, ACMCS를 취급하여 ACM을 구동할 때 선택하지 않아야 할 M차로 맞는 것은?

가. 2호차, 7호차   나. 1호차, 4호차

다. 1호차, 8호차   다. 0호차, 9호차

해설 4호선 전기동차는 1, 4, 8호차에서 SIV로 전원을 공급하고, ACM(보조공기압축기)가 탑재되어 있으므로, ACMN, ACMKN이 설치되어 있다.

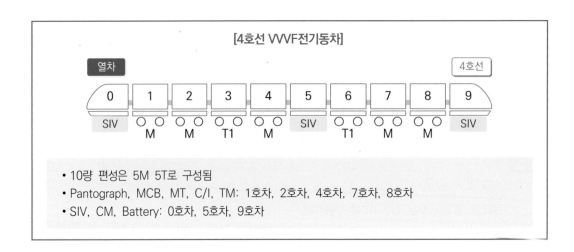

[4호선 VVVF전기동차]

- 10량 편성은 5M 5T로 구성됨
- Pantograph, MCB, MT, C/I, TM: 1호차, 2호차, 4호차, 7호차, 8호차
- SIV, CM, Battery: 0호차, 5호차, 9호차

예제 다음 중 4호선 전기동차 ACMCS를 눌렀으나 기동 불능 시 조치사항이 아닌 것은?

가. 축전지 전압 70V 이상 확인

나. 전부운전실 HCRN 차단여부 확인, 복귀

다. 전부운전실에서 구동 불능 시 후부운전실 또는 M차의 ACMCS

라. 1개의 ACM이 구동 불능 시는 불능 M차의 ACMN 및 ACMKN OFF 취급

해설 ACMN 및 ACMKN이 OFF되어 있으면 ACM은 구동되지 않으므로 조치 사항이 아니다.

팬토그래프(Pantograph) 상승 불능 시

제3장

팬토그래프(Pantograph) 상승 불능 시

1. 전 차량 Pantograph 상승 불능 시

조치 3 전 차량 Pantograph 상승 불능 시

[4호선 VVVF전동차 회로도]

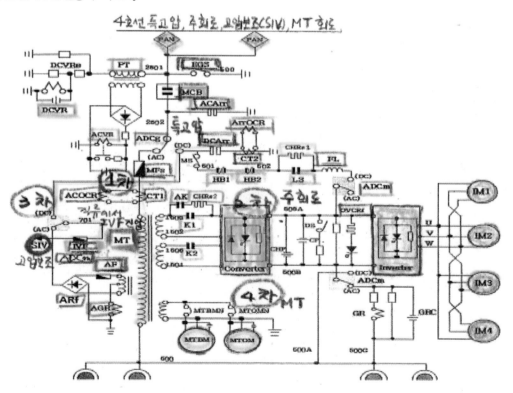

- 전 차량 Pan상승불능 시: 운전실에서 원인을 찾는다.
- 원인: 앞에서부터 찾아간다. ACM공기 충만으로103선 살았는지 여부 점검한다.

예제 CIIL점등이 되면Pan이 올라가지 않은 상태이다. (O)

예제 EPanDS취급여부를 전부 운전실에서만 확인한다. (X)

해설 EpanDS 취급여부는 전, 후부 운전실 모두 가능하다.

예제 MCN, HCRN 차단 여부 확인은 전부운전실에서만 가능하다. (O)

예제 EGCS 취급은 교류구간에서만 한다. (O)

ㅡ 전기종차에서 중요하고 우선적으로 해야하는 일은 앞뒤 쪽에 모든 기능이 구비 되어있다.

[Pan상승 및 하강 회로]

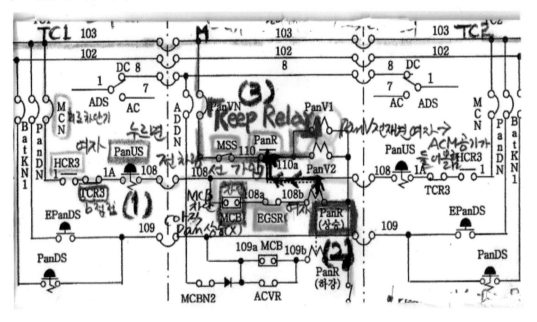

[전 차량 Pantograph 상승 불능 시 현상]
① CIIL점등(Catenary Interrupt Indicating Lamp: 가선정전 표시등)
② TGIS화면에 전체 MCB 'OFF'현시

[전 차량 Pantograph 상승 불능 시 원인]

① 축전지 전압 70V 이하 또는 ACM공기 부족 시

② 전부운전실 MCN 차단 시

③ 전부운전실 HCRN 차단 시

④ 전, 후부운전실 EPanDS 취급 후 복귀하지 않는 경우

⑤ 교류구간에서 전, 후부운전실 EGCS 취급 후 복귀하지 않은 경우

[Pan상승회로]

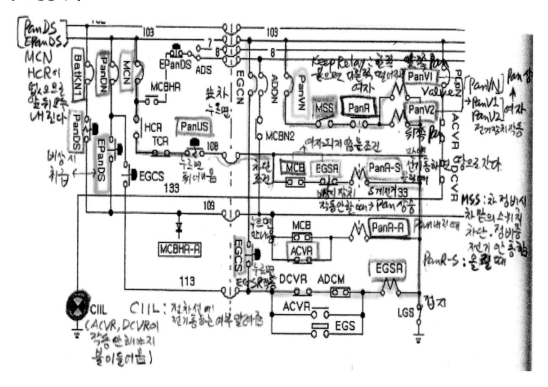

[전 차량 Pantograph 상승 불능 시 조치]

① 축전지 전압 70V 이상 확인 및 ACM공기 충기 여부 확인

② 전부운전실 MCN, HCRN 차단 여부 확인, 복귀

③ 전, 후부운전실 EpanDS, 취급여부 확인, 복귀

④ 교류구간에서 전, 후부운전실 EGCS 취급여부 확인, 복귀

⑤ 전부운전실에서 불능 시 후부운전실에서 Pan 상승 취급

```
┌─────────────────────────────────────────────────────────────────────────────┐
│                                  [참고]                                         │
│                                                                                │
│  1) 전부운전실 EpanDS 복귀 불능 시 조치                                           │
│      ① 전부운전실 PanDN 차단                                                    │
│      ② 후부운전실에서 Pan상승                                                   │
│      ③ 밀기(추진)운전                                                           │
│  2) Pan 하강 불능 시 조치                                                       │
│      ① PanDS취급하여 하강 불능 시는 BatKN1 확인, 복귀                           │
│      ② PanDS취급하여 하강 불능 시는 PanDN 확인, 복귀                            │
│      ③ PanDS취급으로 불능 시는 EpanDS 취급으로 하강 조치                        │
│      ④ EPanDS취급으로 불능 시는 PanDS 취급으로 하강 조치                        │
│  ※ 교류구간에서 Pan하강 시 MCB가 차단되지 않은 차량은 Pan이 하강되지 않음        │
└─────────────────────────────────────────────────────────────────────────────┘
```

예제 다음 중 4호선 VVVF차량 전기동차의 전 차량 팬터그래프 하강 불능 시 조치사항으로 틀린 것은?

가. PanDS취급하여 하강 불능 시는 BatN1 확인, 복귀

나. PanDS취급하여 하강 불능 시는 PanDN 확인, 복귀

다. PanDS취급으로 불능 시는 EpanDS 취급으로 하강 조치

라. EPanDS취급으로 불능 시는 PanDS 취급으로 하강 조치

해설 PanDS취급하여 하강 불능 시는 BatKN1 확인, 복귀시킨다.

[Pan 하강 불능 시 조치]
① PanDS취급하여 하강 불능 시는 BatKN1 확인, 복귀
② PanDS취급하여 하강 불능 시는 PanDN 확인, 복귀
③ PanDS취급으로 불능 시는 EpanDS 취급으로 하강 조치
④ EPanDS취급으로 불능 시는 PanDS 취급으로 하강 조치

```
┌─────────────────────────────────────────────────────────────────────────────┐
│                            [전 차량 Pan상승 불능]                                │
│                                                                                │
│  [전 차량 Pan 상승 불능 시의 확인 사항]                                          │
│  1. 축전지 전압 정상 확인                                                       │
│  2. MCN, HCRN 차단 여부 확인                                                    │
│  3. ACM 공기 충기 여부 확인                                                     │
│  4. 전,후부 운전실 EpanDS 동작 여부 확인                                        │
│  5. EGCS 동작 여부 확인(AC구간)                                                 │
│                                                                                │
└─────────────────────────────────────────────────────────────────────────────┘
```

〈전차량 Pan 상승불능〉
- 축(축전지)
- MC(MCN, HCRN 트립)
- A(ACM 충전)
- Epan(EpanDS 동작여부)
- GS(EGCS 동작여부)

〈축하하러 온 MC가 아예 Pan을 GS건설로 만들어 놓았네!〉

예제 다음 중 4호선 VVVF차량 전기동차 전부 운전실 EPanDS복귀 불능 시 후부 운전실에서 Pan을 상승시키기 위해 전부 운전실에서 차단해야 할 차단기로 맞는 것은?

가. PanUS

나. MCN

다. PVN

라. PanDN

해설 가. PanUS는 ACM에 의해 공기가 충기될 때 누르게 되면 Pan이 상승하게 된다.

나. MCN은 MCB 투입 및 Pan상승을 연결하고 차단한다.

다. PVN차단 시는 비상제동 체결되 ADU에는 현시가 된다.

예제 다음 중 4호선 VVVF전기동차 고장조치의 설명으로 틀린 것은?

가. 전 차량 출입문 열림 불능 시 CrsN차단 여부 확인

나. AC구간에서 MCB가 차단되지 않으면 Pan하강

다. EPanDS 취급으로 전 편성 Pan하강 불능 시는 TC차 분전함 PanDN 확인 후 복귀

라. PanDS 취급으로 전 편성 Pan하강 불능 시는 TC차 분전함 BatN1 확인 후 복귀

해설 PanDS 취급으로 전 편성 Pan하강 불능 시는 TC차 분전함 BatKN1 확인 후 복귀

예제 다음 중 4호선 VVVF전기동차 전 차량 Pan 상승 불능 시 원인이 아닌 것은?

가. 전부운전실 HCRN 차단 시

나. 전, 후부운전실 EPanDS 취급 후 복귀하지 않는 경우

다. 축전지 전압 84V 이하

라. 전, 후부운전실 EGCS 취급 후 복귀하지 않은 경우

축전지 전압 70V 이하

[전 차량 Pan 상승 불능 시 원인]
① 축전지 전압 70V 이하 또는 ACM공기 부족 시
② 전부운전실 MCN 차단 시
③ 전부운전실 HCRN 차단 시
④ 전, 후부운전실 EPanDS 취급 후 복귀하지 않는 경우
⑤ 교류구간에서 전, 후부운전실 EGCS 취급 후 복귀하지 않은 경우

VVVF전기동차 전 차량 Pan 상승 불능 시 조치사항으로 틀린 것은?

가. 축전지 전압 70V 이상 확인

나. 후부운전실 EpanDS, 취급여부 확인, 복귀

다. 교류구간에서 전, 후부운전실 EGCS 취급여부 확인, 복귀

라. 전부운전실에서 불능 시 후부운전실에서 Pan 상승 취급

전, 후부운전실 EpanDS, 취급여부 확인, 복귀

[전 차량 Pan 상승 불능 시 조치사항]
• 축전지 전압 70V 이상 확인 및 ACM 공기 충기 여부 확인
• 전부운전실 MCN, HCRN 차단 여부 확인, 복귀
• 전, 후부운전실 EpanDS, 취급여부 확인, 복귀
• 교류구간에서 전, 후부운전실 EGCS 취급여부 확인, 복귀
• 전부운전실에서 불능 시 후부운전실에서 Pan 상승 취급

VVVF전기동차 전 차량 Pan 상승 불능 시 원인으로 틀린 것은?

가. 축전지 전압 70V 이하 또는 CM공기 부족 시

나. 전부운전실 HCRN 차단 시

다. 전, 후부운전실 EPanDS 취급 후 복귀하지 않는 경우

라. 교류구간에서 전, 후부운전실 EGCS 취급 후 복귀하지 않은 경우

축전지 전압 70V 이하 또는 ACM공기 부족 시 전 차량 Pan 상승 불능 시 원인이 된다.

2. 일부 차량 Pantograph 상승 불능 시

조치 4 **일부 차량 Pantograph 상승 불능 시**

※ "일부 차량 Pan 상승 불능"에서는 CIIL이 시험에 주로 출제

[4호선 VVVF전동차 일부차량 Pan불능 시]

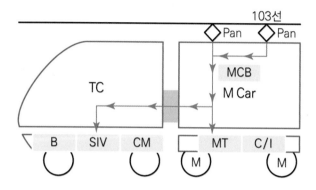

[일부 차량 Pantograph 상승 불능 시 현상]
① CIIL 점등
② TGIS 화면에 해당 차량 MCB 'OFF' 현시

[일부 차량 Pantograph 상승 불능 시 원인]
① 해당 M차 PanVN차단 시
② 해당 M차 Pan 콕크 폐색 시
③ 해당 차량 MSS 개방 시(차상하 MS취급 시)
④ 직류구간 운행 중 MCBN2 차단 시
※ MCB 차단불능 차량은 Pan 상승 시 해당 차량 Pan이 상승되지 않는다.

[일부 차량 Pantograph 상승 불능 시 조치]
① 해당 M차 Pan VN 차단 여부 확인, 복귀
② 해당 M차 Pan콕크 폐색 여부 확인, 복귀
③ 해당 차량이 차상하 MS취급 여부 확인, 복귀
④ 직류구간 운행 중 해당 차량MCBN2 차단 여부 확인, 복귀
⑤ 복귀 불능 시 해당차량 완전 부동 취급 후 필요 시 연장급전
(필요 시란 Pan이 1,4,8호차인 경우를 말한다.)

[참고] 완전부동 취급법

① 해당 M차 ADAN, ADDN차단
② 해당 M차 PanVN 차단
③ 필요 시 (1,4,8호차)연장급선

[일부 차량 Pan상승 불능]

[일부 차량 Pan 상승 불능 시의 확인 사항]
1. PanVN 차단확인
2. MCBN2 차단확인(DC구간)
3. Pan Cock(공기마개) 차단여부 확인
4. MS(Main Disconnecting Switch: 주단로기) 취급여부 확인(MSS접점)
5. MCB 차단 상태 확인

- VN(PanVN 차단여부)
- 2번(MCBN2 확인)
- Cola(Pan Cock 차단여부)
- MS(작업여부)
- MCB(차단상태확인)
〈베트남 2번 가서 콜라대회 나가서 미스 MCB가 되었네〉

[학습코너] 완전부동 취급법 – 4호선 및 과천선

1. 완전부동 취급법(서울교통공사) (Pan 5군데)

   ① 해당 M차 ADAN(AC구간), ADDN(DC구간) 차단 (교류:MCBN1, 직류MCBN2)
   ② 해당 M차 PanVN 차단
   ③ 필요 시 (1,4,8 호차 고장 시)연장 급전(2호, 7호차 고장나면 연장급전 필요 없다.)

2. 완전부동 취급법(과천선) (Pan 3군데. 완전부동취급: Pan을 내리는 작업))

   ① 관제사 및 차장에게 완전 부동 취급사유 통보
   ② 전 편성 MCB 차단 후 Pan 하강 조치
   ③ 해당차 ADAN, ADDN을 먼저 OFF 후 PanVN을 차단
   ④ 고장 유니트의 해당 TC 또는 T1에서 연장급선(2000, 2400, 2100호)
   ⑤ Pan 상승 후 MCB 투입
   ⑥ 관제사 및 차장에게 조치 완료 통보 후 전도운전

3. 전체 Pan 하강하지 않고 완전부동 취급 방법

① 해당차 (M'차)배전반내 ADAN, ADDN을 먼저 OFF 후
② 해당차 (M'차)배전반내 PanVN OFF (PanVN 차단시키고, 앞에 Pan코크(공기)마저 차단)
   – 시작 때: Pan올리고 MCB 투입
   – 끝날 때: MCB차단하고 Pan을 내린다.

예제 다음 중 4호선 VVVF차량 전동차 고장 시 조치에 대한 설명으로 틀린 것은?

가. MCB차단불능 차량은 Pan상승 시 해당 차량 Pan이 상승되지 않는다.
나. 전부운전실에서 BVN차단되고 복귀 불능 시는 후부운전실에서 EBCOS를 취급 후 밀기운전한다.
다. 직류구간에서 Pan하강 시 MCB가 차단되지 않는 차량은 Pan이 하강되지 않는다.
라. 직류구간에서 EGCS취급 시 아무런 현상도 일어나지 않는다.

해설 교류구간에서 Pan하강 시 MCB가 차단되지 않는 차량은 Pan이 하강되지 않는다.

예제 다음 중 4호선 VVVF차량 전동차 고장 시 조치에 대한 설명으로 틀린 것은?

가. 전후부 운전실 EPanDS취급 후 복귀되지 않는 경우 전 차량 Pan 상승 불능이다.
나. ACM공기 충기 시 ACMCS를 누르면 ACM Lamp는 점등되나 놓으면 바로 소등된다.
다. 교류구간에서는 Pan하강 시 MCB가 차단되지 않은 차량은 Pan이 하강되나 직류구간에서는 MCB와 무관하게 Pan하강된다.
라. MCB차단불능 차량은 Pan상승 시 해당 차량 Pan이 상승되지 않는다.

해설 교류구간에서는 Pan하강 시 MCB가 차단되지 않은 차량은 Pan이 하강되지 않으나 직류구간에서는 MCB와 무관하게 Pan하강된다.

예제 다음 중 4호선 VVVF전동차 일부 차량 Pan상승 불능 시 원인으로 틀린 것은?

가. 해당 M차 PanVN차단 시   나. 해당 M차 Pan 코크 폐색 시
다. 해당 차량 MSS 개방 시   **라. 교류구간 운행 중 MCBN2 차단 시**

해설 직류구간 운행 중 MCBN2 차단 시

예제 다음 중 4호선 VVVF전동차 일부 차량 Pan상승 불능 시 원인으로 틀린 것은?

가. 직류구간 운행 중 MCBN2 차단 시
나. 전부 TC차 DILPN 차단 시
다. 해당 M차 Pan 콕크 개방 시
라. 해당 M차 PanVN 차단 시

해설 해당 M차 Pan 콕크 폐색 시

예제 다음 중 4호선 VVVF전동차 일부 차량 Pan상승 불능 시 원인으로 틀린 것은?

가. 해당 차량 MSS 차단 시
나. 직류구간 운행 중 MCBN2 차단 시
다. 해당 M차Pan 콕크 폐색 시
라. 해당 M차 PanVN 차단 시

해설 해당 차량 MSS 개방 시에는 일부 차량 Pan상승 불능의 원인이 된다.
[일부 차량 Pan상승 불능 시 원인]
① 해당 M차 PanVN차단 시
② 해당 M차 Pan 콕크 폐색 시
③ 해당 차량 MSS 개방 시(차상하 MS취급 시)
④ 직류구간 운행 중 MCBN2 차단 시

예제 다음 중 4호선 VVVF전동차 일부 차량 Pan상승 불능 시 원인으로 틀린 것은?

가. CIIL 점등
나. TGIS화면에 해당차량 MCB 'ON'
다. 해당 M차 Pan 콕크 폐색 시
라. 해당 M차 PanVN차단 시

해설 TGIS화면에 해당차량 MCB 'OFF'

예제 다음 중 EPanDS 복귀불능 시 조치방법으로 맞는 것은?

가. 전부 TC차 MCN OFF 후 후부 운전실에서 추진 운전
나. 전부 TC차 BatKN1 OFF 후 후부 운전실에서 추진 운전
다. 전부 TC차 PanDN OFF 후 후부 운전실에서 추진 운전
라. 전부 TC차 SIVCN OFF 후 후부 운전실에서 추진 운전

해설 전부 TC차 운전실 배전반 내 PanDN OFF 후 후부 운전실에서 추진 운전

제4장

MCB 투입 불능 시·
EGCS 투입 시

제4장

MCB 투입 불능 시·EGCS 투입 시

1. 전 차량 MCB 투입 불능 시

조치 5 **전 차량 MCB 투입 불능 시(운전실에서 원인 찾기)**

> **[주차단기 MCB (Main Circuit Breaker)]**
>
> 시험에 제일 많이 출제되는 중요한 분야
>
> MCB 투입 – M차 옥상에 있고, 교류구간 운전중
> 1) 전기기의 고장
> 2) 과대전류
> 3) 이상전압에 의한 장애
> 4) 교류피뢰기 방전 등
>
> 이상 발생 시 전차선 전원과 전기동차 간의 회로를 신속히 차단
> ※ 직류구간에서는 회로차단이 아닌 개폐 역할만 수행
> – 차단: 부하가 걸린 상태에서 차단(교류는 전압이 항상 변하므로 0점을 찾아 신속하게 차단이 가능, 직류는 시간에 따라 전압이 일정하므로 식속 차단이 안 된다.
> – 직류구간에서는 개폐만 하고 교류에서 MCB역할하는 것이 직류에서는 고속도차단기이다)
> – 개폐: 부하가 다 꺼진 상태에서 열어주고 닫아 주는 역할

[전 차량 MCB 투입 불능 시 현상]
① TGIS화면에 'MCB OFF'현시
② 전차선 정전 또는 전 차량 Pan하강 상태인 경우는 CIIL 점등(Pan안 올라가면 점등, Pan 하나라도 올라가면 소등)

[4호선 MCB]

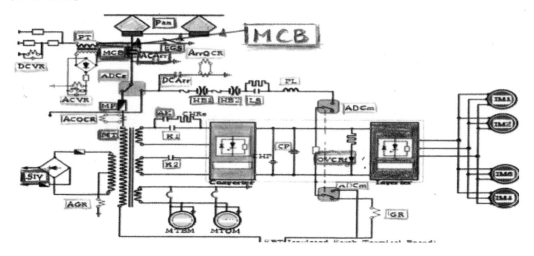

[전 차량 MCB 투입 불능 시 원인]

① 전차선 정전 또는 전 차량 Pan 하강 시

② 전, 후부운전실 EPanDS취급 시(두 군데서 취급) 또는 AC구간에서 EGCS 취급.시

③ 전부운전실 MCN차단 시

④ 전부운전실 HCRN 차단 시

⑤ ADS 위치와 전차선 전압이 불일치 시 (AC구간에서 DC취급했거나, DC구간에서 AC취급)

⑥ ACM 공기 충기 부족 시($4.2-4.7kg/cm^2$) (ACM: Pan상승, MCB투입, EGS, ADCm, ADCg의 5곳에 공기를 제공한다.)

⑦ 직류모선 가압 불능 및 운전실 선택회로 구성 불능 시

[조치] [MCB가 투입되지 않을 때 확인사항]

① CIIL 점등 시는 정전 또는 Pan 하강 여부 확인

② 전, 후부운전실 EPanDS 및 EGCS투입 여부 확인, 복귀

③ 전부운전실 MCN, HCRN차단 확인, 복귀

④ 전차선 전압과 일치하는 위치로 ADS 취급

⑤ 직류모선 가압회로, 운전실 선택회로, ACM충기 확인(기동과정: 103선(직류모선) 가압 → ACM구동 → Pan상승 → MCB)

⑥ MCBOS(MCB Open Switch: 주차단기 개방스위치) 취급 후 MCBCS(MCB Close Switch: 주차단기 투입스위치) 취급

예제 다음 중 4호선 VVVF전동차 전 차량 MCB투입 불능 시 확인 사항이 아닌 것은?

가. 전부 운전실 MCN ON 상태

나. 전부 운전실 HCRN ON 상태

다. ADS위치와 전차선 전압 일치 상태

라. 전부운전실 EPanDS 취급 여부

해설 전, 후부운전실 EPanDS 취급 여부를 확인해야 한다.

예제 다음 중 4호선 VVVF전동차 전 차량 MCB투입 불능 시 확인 사항이 아닌 것은?

가. 전, 후부 운전실 EPanDS 투입 시 또는 교류구간에서 EGCS 취급 시

나. 전, 후부 운전실 MCN 및 HCRN 차단 시

다. ACM 공기 충기 부족 시(4.2-4.7kg/cm^2)

라. 직류모선 가압 불능 및 운전실 선택회로 구성 불능 시

해설 전부운전실 MCN 및 HCRN 차단 시

예제 다음 중 4호선 VVVF전동차 전 차량 MCB투입 불능 시 원인과 거리가 먼 것은?

가. DC구간에서 EGCS 취급 시

나. 전부운전실 HCRN 차단 시

다. ADS 위치와 전차선 전압이 불일치 시

라. 운전실 선택회로 구성 불능 시

해설 AC구간에서 EGCS 취급. 시
[전 차량 MCB투입 불능 시 원인]
① 전차선 정전 또는 전 차량 Pan 하강 시
② 전, 후부운전실 EPanDS취급 시 또는 AC구간에서 EGCS 취급 시
③ 전부운전실 MCN 차단 시
④ 전부운전실 HCRN 차단 시
⑤ ADS 위치와 전차선 전압이 불일치 시
⑥ ACM 공기 충기 부족 시(4.2-4.7kg/cm^2)
⑦ 직류모선 가압 불능 및 운전실 선택회로 구성 불능 시

예제 다음 중 4호선 VVVF전동차 전 차량 MCB투입 불능 시 조치사항이 아닌 것은?

가. ACM 공기 충기 부족 시(4.2-4.7kg/cm^2)

나. 후부 운전실 EPanDS 및 EGCS투입 여부 확인, 복귀

다. 전차선 전압과 일치하는 위치로 ADS 취급

라. CIIL 점등 시는 정전 또는 Pan 하강 여부 확인

해설 전, 후부 운전실 EPanDS 및 EGCS투입 여부 확인, 복귀

예제 다음 중 4호선 VVVF전동차 전 차량 MCB투입 불능 시 현상 및 조치 사항이 아닌 것은?

가 전, 후부운전실 EPanDS 및 EGCS투입 여부 확인, 복귀

나. MCBOS취급 후 MCBCS취급

다. CIIL 점등 시는 정전 또는 Pan 하강 여부 확인

라. ACM 공기 충기 부족 시(3.2-3.7kg/㎠)

해설 ACM 공기 충기 부족 시(4.2-4.7kg/cm^2) 전 차량 MCB투입 불능 현상이 일어난다.

조치 6 일부 차량 MCB 투입 불능 시(해당 차에 가서 원인을 찾는다)

[일부 차량 MCB 투입 불능 시 현상]

① TGIS화면에 'MCB OFF'현시

② 전차선 정전 또는 전 차량 Pan하강 상태인 경우는CIIIL 점등(Pan 안 올라가면 점등, Pan하나라도 올라가면 소등)

[일부 차량 MCB 투입 불능 시 원인]

① TGIS화면에 해당 차량 MCB 'OFF' 현시

② 해당차량 ADAN(AC 구간), ADDN(DC 구간) 차단 시

③ 해당차량 MCBN1(AC구간), MCBN2(DC 구간) 차단 시

④ 해당차량 MCB 공기관 콕크 폐색 시

[MCB투입 회로]

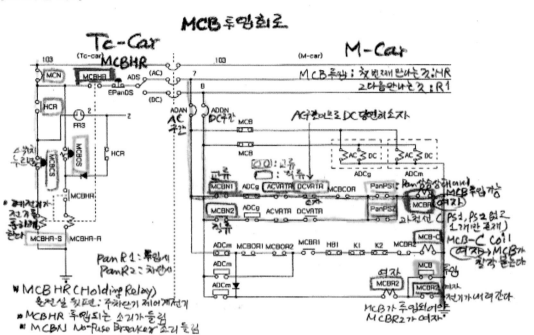

[M차의 ADAN 및 ADDN을 통한 MCB투입회로]

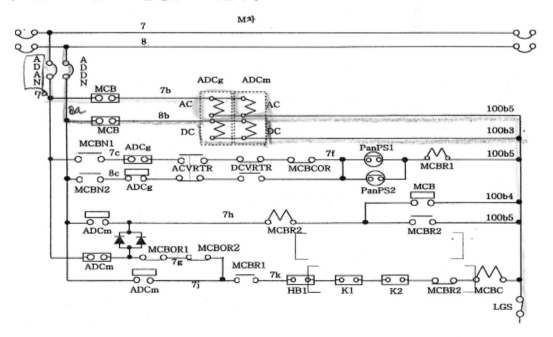

[일부 차량 MCB 투입 불능 시 조치]

① TGIS 화면으로 해당 M차 확인

② CIIL 점등 시는 해당차량 Pan 하강 여부 확인, 복귀

③ 해당차량 ADAN(AC 구간), ADDN(DC 구간)확인, 복귀

④ 해당차량 MCB 콕크 확인, 복귀

⑤ 필요 시 MCBOS 취급 후 MCBCS 취급하여 MCB 재투입

⑥ 복귀 불능 시 해당차량 완전부동 취급 후 연장급선(1,4,8호차인 경우)

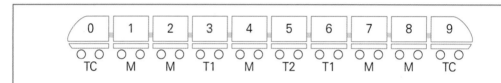

- 10량 편성은 5M 5T로 구성됨
- Pantograph, MCB, MT, C/I, TM: 1호차, 2호차, 4호차, 7호차, 8호차
- SIV, CM, Battery: 0호차, 5호차, 9호차

[MCBCS → MCBHR트립 코일 여자 과정]

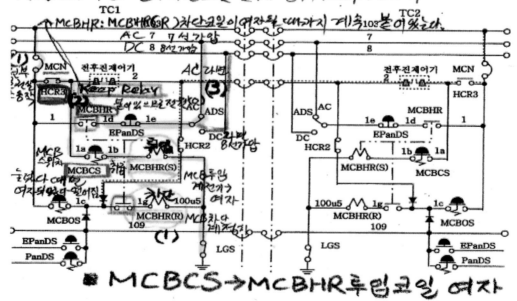

[MCB 관련 계전기 기능]

① MCBR1(Main Circuit Breaker Relay1: 주차단기 보조계전기 1)
  - MCB 투입조건 일부 만족 시 여자 되는 MCB 투입용 보조계전기

② MCBR2(Main Circuit Breaker Relay2: 주차단기 보조계전기 2)
  - MCB 재투입 방지용 계전기
  - 전차선 단전 또는 사고차단 후 MCB 재투입을 방지하는 계전기

③ MCBCOR (MCB Cut Out Relay): MCB개방계전기

④ MCBOR(MCB Open Relay: 주차단기 개방계전기)
  - 사고차단 발생시 차량개방스위치(VCOS) 취급하면 여자
  - 여자 후 해당차량의 MCB 투입을 제한하여 주회로 기기 보호

⑤ MCBOR1,2 (MCB Open Relay: 주차단기 개방계전기1,2)
  - MCB 사고차단이 발생하였을 때 MCB를 차단하고 MCB 투입 방지

[용어설명]

- ArrOCR(Arrester Over Current Relay): 직류모진보조계전기
- MCBOS(Main Circuit Breaker Open Switch): 주차단기 개방스위치
- MCBOR(MCB Open Relay): 주차단기개방 계전기
- MCB-T(Main Circuit Breaker Trip): 주차단기 차단코일
- MCBHR(Main Circuit Breaker Holding Relay): 주차단기 제어계전기
- MCBR(Main Circuit Breaker Relay): 주차단기보조계전기
- ADAN(AC No-Fuse Breaker AC-DC): 교직절환 교류용 회로차단기
- ADDN(DC-No-Fuse Breaker AC-DC): 교직절환 직류용 회로차단기
- ACVRTR(AC Voltage Time Relay): 교류전압시한계전기
- DCVRTR(DC Voltage Time Relay): 교류전압시한계전기
- MCBCS(MCB Close Switch): 주차단기 투입 스위치

예제 다음 중 4호선 VVVF전기동차가 AC구간에서 일부 차량 MCB투입 불능 시 원인이 아닌 것은?

가. TGIS화면에 해당 차량 MCB 'OFF' 현시
나. 해당차량 ADAN, ADDN 차단 시
다. 해당차량 MCBN1, MCBN2 차단 시
라. 해당차량 MR 공기관 콕크 폐색 시

해설 해당차량 MCB 공기관 콕크 폐색 시 AC구간에서 일부 차량 MCB투입 불능이 된다.
　　 [AC구간에서 일부 차량 MCB투입 불능 시 원인]
　　 ① TGIS화면에 해당 차량 MCB 'OFF' 현시
　　 ② 해당차량 ADAN(AC 구간), ADDN(DC 구간) 차단 시
　　 ③ 해당차량 MCBN1(AC구간), MCBN2(DC 구간) 차단 시
　　 ④ 해당차량 MCB 공기관 콕크 폐색 시

예제 다음 중 4호선 VVVF전기동차가 AC구간에서 일부 차량 MCB투입 불능 시 확인사항과 거리가 먼 것은?

가. MCBN1, MCBN2
나. PanVN
다. ADAN, ADDN
라. MTBMN

해설 MTBMN은 MCB투입 불능 시 확인사항과 거리가 멀다.

예제 다음 중 4호선 VVVF전기동차가 직류구간에서 MCBN2 차단 시 나타나는 현상이 아닌 것은?

가. CIIL점등
나. TGIS화면에 해당 차량 MCB "ON"이 표시된다.
다. TGIS화면에 해당 차량 SIV "ON"이 표시된다.
라. 해당 차량의 Pan이 하강된다.

해설 TGIS화면에 해당 차량 SIV "OFF"이 표시된다.

예제 다음 중 4호선 VVVF전기동차 일부 차량 MCB투입 불능 시 원인이 아닌 것은?

가. 해당차량 DC구간 ADAN차단 시
나. 해당차량 AC구간 MCBN1 차단 시
다. 해당차량 DC구간 MCBN2 차단 시
라. 해당차량 DC구간 ADDN 차단 시

해설 해당차량 AC구간 ADAN차단 시가 맞다.

예제 다음 중 4호선 VVVF전기동차가 교류구간에서 MCBN1 차단(트립) 시 나타나는 현상이 아닌 것은?

가. 1, 4, 8호차인 경우 해당 차량(0, 5, 9호차) 정지

나. 교직절연구간 운전 시 MCB차단 불능으로 해당 차량 MCB "ON"표시

다. TGIS SIV "OFF"표시

라. 해당 차량 Pan 하강

해설 교류구간에서는 MCB1이 차단(트립)되어도 해당 차량 Pan이 하강하지는 않는다. 그러나 직류구간에서는 MCB2 차단(트립)되면 해당 차량 Pan이 하강한다.

예제 다음 중 4호선 VVVF전기동차 일부 차량 MCB투입 불능 시 원인이 아닌 것은?

가. 해당차량 DC구간 ADDN차단 시

나. 해당차량 AC구간 MCBN1 차단 시

다. 해당차량 DC구간 MCBN2 차단 시

라. 해당차량 MR공기관 코크 차단 시

해설 '해당차량 MCB공기관 코크 차단 시'가0 맞다.

2. EGCS 투입 시

조치 7 EGCS 투입 시

[비상접지스위치(Emergency Ground Switch: EGS)]

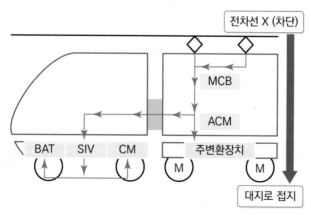

[지붕 위의 특고압기기]

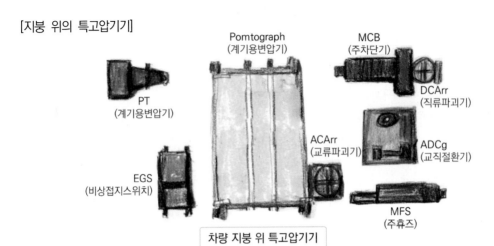

차량 지붕 위 특고압기기

[EGCS 투입 시 현상]

① AC구간에서 EGS동작 시(ACVR 여자 상태이므로) 전차선 단전으로 CIIL 점등(Pan이 모두 내려오는 현상)

② DC구간에서는 EGS 동작하지 않음(DCVR 소자 상태이므로)

※ DC구간에서 EGCS 취급 시 아무런 현상도 나타나지 않지만, 교직 절연구간 통과 후 교류구간 진입 시 EGS가 동작하여 전차선이 단전됨

[비상접지 스위치(EGS)]

- 설치목적: 교류구간 운행 중 전차선로로 장애 발생으로 급히 전차선 차단 필요 시 또는 검수 작업 시 전차선 전원을 팬토그래프를 통하여 대지로 접지시킬 때 사용하는 기기임(운행 중 전방에 전차선이 늘어져 있다. 끊어져 있다 → 이 경우 기관사는 EGS스위치를 눌러 전차선을 단전시켜야 한다).
- 설치위치: EGS는 M차(4호선 VVVF전기동차) 옥상에 설치
- 용도 및 사용: 전차선로의 장애발생으로 급히 전원을 차단할 필요가 있을 때 검수작업 시 안전작업을 할 수 있도록 전차선을 대지로 접지시킬 때

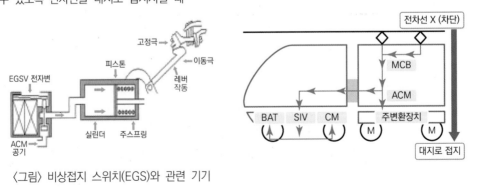

〈그림〉 비상접지 스위치(EGS)와 관련 기기

7. EGCS 투입 시

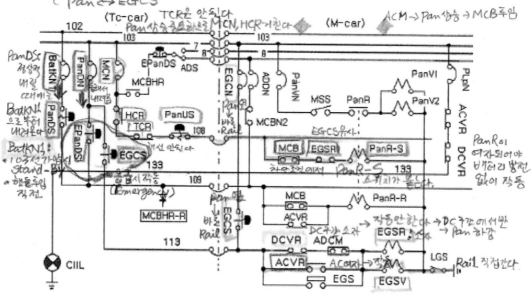

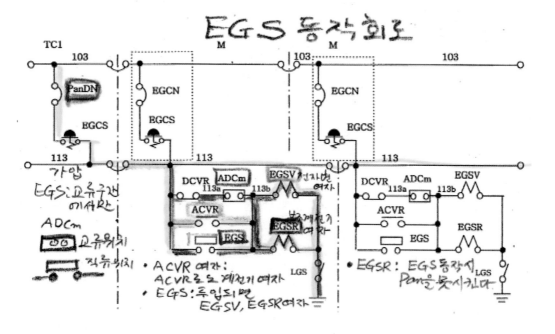

[EGCS 투입 시 조치]

① 전, 후부 운전실 EGCS확인, 복귀(M차 EGCN은 OFF 되어 있음)

② EGCS 복귀 불능 시 해당차량 PanDN 차단(EGCS는 PanDN으로부터 온다)

③ 전차선 급전 후 MCBOS 취급 후 MCBCS 취급

④ 전차선 급전 불능 시 EGS 용착 여부 확인 후 해당 차량 완전부동 취급하고 필요 시 연장급전(1, 4, 8호차))

※ EPanDS복귀 불능 시 PanDN을 체크해라. PanDN차단해 버리면 복귀 안 되도 괜찮다.

※ CS만 취급해서는 안 된다. Keep Relay 작용으로 인하여 반드시 분리시켰다가 붙여 주이야 한다. 즉 Open 후 Close시켜야 한다(OS → CS).

[EGCS 복귀 불능 시 조치]

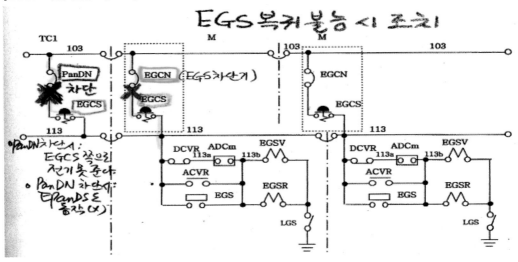

예제 다음 중 고장 시 현상과 조치의 설명으로 옳지 않은 것은?

가. DCArr가 동작하면 ArrOCR을 여자시켜MCB 사고차단 현상이 일어난다.

나. ACArr파손 시 고장 차량 확인은 MCB 승객의 도움없이 Pan을 동시에 상승시켜 찾을 수 있다.

다. ACArr 파손 시 급전이 되어 MCB 재투입 시 재차 단전 및 폭음이 발생한다.

라. EGS용착 시는 지붕 위 육안으로 동작여부를 확인하며 AC구간에서 EGS동작 시는 Pan재상승 불능이다.

해설 ACArr파손 시 고장 차량 확인은 MCB 승객의 도움을 받거나 Pan을 차례로 상승시켜 보면서 찾을 수 있다.

제5장

비상제동 해방불능 시·
동력운전 불능 시

비상제동 해방불능 시·동력운전 불능 시

1. 비상제동 해방 불능 시

조치 8 비상제동 해방 불능 시 (Pan상승, Pan하강, MCB투입만큼 중요)
(중요!! 외우기! 자주 출제)

※ ('BVN에서 EMV까지 어떻게 도달하느냐'가 관점
※ EMV(비상전자변)을 여자시키는 것이 목적

[비상제동안전루프 회로]

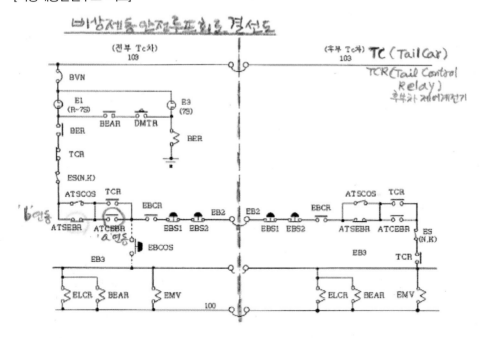

[비상제동안전루프 회로]

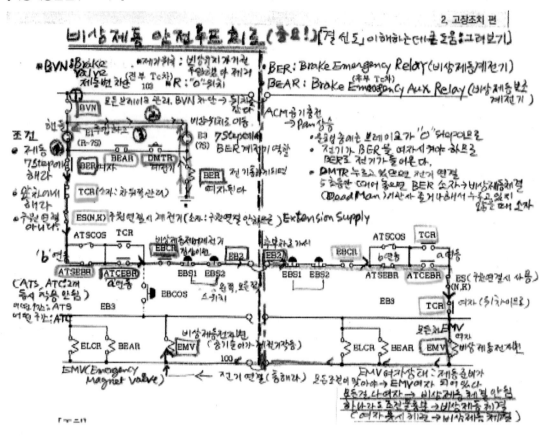

[비상제동 해방 불능 시 현상]

① TGIS화면에 'EB'(Emergency) 표시

② BC 압력계에 2.0kg/cm² 이상 현시(비상제동 시)

③ 동력운전 불능

※ 모든 제동장치가 작동하지 않아야지만 차량이 움직인다.

※ 비상제동 작동 중에는 운전이 불가능하다.

- PBN(NFB for Parking Brake: 주차제동회로차단기)
- MR(Main Resevoir: 주공기통)
- MRPS(MR Pressure Switch: MR압력스위치)

[비상제동 해방 불능 시 원인]

① 전, 후부운전실 BVN 차단 시(EB해방불능)

② 전, 후부운전실 PVN 차단 시(EBCR에서 PVN차단여부 확인)

③ 전부운전실 HCRN 차단 시(NFB for Head Control Relay: 전부차 제어계전기회로차단기)

④ 전부운전실 ATCN, ATCPSN 차단 시(ATC에는 2개의 NFB)(ATCPSN: ATCN 보조기능)

⑤ 전부운전실 ATSN1, 2차단 시(ATS에는 3개의 NFB)

⑥ MR 압력 저하로 MRPS 동작 시($6.5-7.5$kg/cm^2)

⑦ 전, 후부운전실 EBS1,2(차장 비상스위치) 취급 시(좌우, 앞뒤 4개)

⑧ 전, 후부운전실 ES 'S'위치 시(ES: N위치, K위치, S위치 3개)(S위치: 비상제동체결)

⑨ EB2선 또는 EB3선 단선 시(전부에서 후부 넘어갈 때 EB2 ↔ EB3 끊어지면 안 됨)

⑩ 축전지 전압 70V 이하 시(103선이 작동할 수 없으므로(죽으므로) EB체결)

[비상제동 해방 불능 시 조치]

① 제동핸들 비상위치에서 7스텝 위치 고정

② MR 압력 저하 시 EBCOS 취급하고 차장에게 통보

③ ADU무현시 시 전부운전실 ATCN, ATCPSN, HCRN 확인, 복귀

④ ATS Alarm Bell 울리면 전부운전실ATS1,2 확인, 복귀(승인)

⑤ 기타 차단기 확인, 복귀: 전, 후부 BVN, PVN

⑥ 전, 후부 EBS1,2 및 ES 확인, 복귀

⑦ 복귀 불능 시 전부운전실에서 EBCOS, ATCCOS, ATSCOS 취급

⑧ 전부 운전실에서 불능 시 후부운전실에서 시도

[참고] 비상제동 해방 불능 시 확인사항

① 전부운전실BVN 차단하고 복귀 불능 시는 후부운전실에서 EBCOS 취급하고 추진운전해야 한다(모든 EBCOS는 핸들이 있는 곳에서 취급).

② 후부운전실 BVN 차단하고 복귀 불능 시는 전부운전실에서 EBCOS 취급하고 응급운전이 가능하다(차장에게 통보).

③ PBN 차단 시는 해당차량 제동불완해 현상이 발생하므로 PBN복귀 불능 시에는 해당 차량의 SR 콕크를 취급하여 제동을 강제로 완해하여야 한다.

④ 전, 후부운전실의 PBN 차단 시는 EBCR무여자하므로('a'연동이라 여자 조건 불충족) 비상제동이 걸리게 되는데, EBCOS 취급하여 해방이 가능하다.

⑤ MR압력이 6.5kg/cm^2 이하가 되면 MRPS가 동작하여 EBCR이 무여자하므로 비상제동이 걸리게

된다.
⑥ 운행 중 DMS(또는 DSD:기관사 안전장치)를 넣으면(누르지 않으면) DMTR임 무여자하여 '안전운전합시다' 하는 음성이 출력되고 5초 후 비상제동이 체결된다.

예제 다음 중 4호선 VVVF전동차 비상제동 해방 불능 시 원인이 아닌 것은?

가. 전, 후부운전실 BVN 차단 시(EB해방불능)
나. 전, 후부운전실 PVN 차단 시(EBCR에서 PVN차단여부 확인)
다. 전부운전실 HCRN 차단 시
라. 전부운전실 EBS1,2 취급 시

해설 전, 후부운전실 EBS1,2(차장 비상스위치) 취급 시 비상제동 체결

예제 다음 중 4호선 VVVF전동차 비상제동 해방 불능 시 원인이 아닌 것은?

가. 전부운전실 ATCN, ATCPSN 차단 시
나. 전, 후부운전실 EBS1,2(차장 비상스위치) 취급 시
다. 전, 후부운전실 ES 'K'위치 시
라. EB2선 또는 EB3선 단선 시

해설 전,후부운전실 ES 'S'위치 시 비상제동 해방 불능의 원인이 된다.

예제 다음 중 4호선 VVVF전동차 비상제동 해방 불능 시 조치 사항이 아닌 것은?

가. 복귀 불능 시 전부운전실에서 EBCOS, ATCCOS, ATSCOS 취급
나. MR 압력 저하 시 EBCOS 취급하고 차장에게 통보
다. ADU무현시 시 전부운전실 ATCN, ATCPSN, HCRN 확인, 복귀
라. ATC Alarm Bell울리면 전부운전실 ATC1,2 확인, 복귀(승인)

해설 'ATS Alarm Bell울리면 전부운전실 ATS1,2 확인, 복귀(승인)'가 맞다.
[조치]
① 제동핸들 비상위치에서 7스텝 위치 고정
② MR 압력 저하 시 EBCOS 취급하고 차장에게 통보

③ ADU무현시 시 전부운전실 ATCN, ATCPSN, HCRN 확인, 복귀
④ ATS Alarm Bell울리면 전부운전실ATS1,2 확인, 복귀(승인)
⑤ 기타 차단기 확인, 복귀: 전, 후부 BVN, PVN
⑥ 전, 후부 EBS1,2 및 ES 확인, 복귀
⑦ 복귀 불능 시 전부운전실에서 EBCOS, ATCCOS, ATSCOS 취급
⑧ 전부 운전실에서 불능 시 후부운전실에서 시도

예제 다음 중 4호선 VVVF전동차 비상제동 해방 불능 시 조치 사항으로 틀린 것은?

가. 전, 후부 BVN, PVN 차단기 확인, 복귀

나. 전, 후부 EBS1,2 및 ES 확인, 복귀

다. 복귀 불능 시 후부운전실에서 EBCOS, ATCCOS, ATSCOS 취급

라. 전부 운전실에서 불능 시 후부운전실에서 시도

해설 비상제동 해방 불능 시 복귀 불능 시 전부운전실에서 EBCOS, ATCCOS, ATSCOS 취급한다.

예제 다음 중 4호선 VVVF전동차 비상제동 해방 불능으로 4호선 VVVF전동차가 구원 시 설명으로 옳지 않은 것은?

가. 합병운전 중 ATC속도초과 시 고장차 및 구원자 모두 ATC 자동 6Step이 체결되지 않는다.

나. 정차 중에는 구원차의 정차제동이 체결된다.

다. 합병운전 중 구원자에서 비상제동 취급 시 구원차만 비상제동이 체결된다.

라. 합병운전 중 고장차 전부운전실에서 상용제동 취급 시 구원차와 고장차 모두 상용제동이 체결된다.

해설 합병운전 중 고장차 전부운전실에서 상요제동 취급 시 구원차와 고장차 모두 상용제동이 체결되지 않는다.

예제 다음 중 4호선 VVVF전동차 비상제동 해방 불능 시 원인이 아닌 것은?

가. 전, 후부운전실 BVN 차단 시 비상제동 체결

나. 전, 후부운전실 PVN 차단 시 비상제동 체결

다. 후부운전실 HCRN 차단 시 비상제동 체결

라. 전, 후부운전실 EBS1,2 취급 시 비상제동 체결

해설 전부운전실 HCRN 차단 시 비상제동 체결

예제 다음 중 비상제동 체결 후 복귀불능으로 EBCOS를 취급하여 비상제동을 완해하는 경우가 아닌 것은?

가. HCRN 계속 트립으로 비상제동 복귀 불능 시
나. 전, 후부 운전실 EBS취급 후 복귀 불능 시
다. DSD 불량으로 비상제동 복귀 불능 시
라. MRPS 접점불량으로 비상제동 체결 후 복귀 불능 시

해설 [EBCOS를 취급하여 비상제동 완해하는 경우]
　　　　1. DSD 불량으로 비상제동 복귀 불능 시
　　　　2. 주공기(MR)압력 부족으로 비상제동 체결 시
　　　　3. 전, 후부 운전실 EBS취급 후 복귀 불능 시
　　　　4. 전, 후부운전실 RSOS 오조작 후 복귀 불능 시

예제 다음 중 4호선 VVVF전동차 비상제동에 관한 설명으로 틀린 것은?

가. 전후부운전실 PBN차단 시 EBCOS취급하여 비상제동 해방이 가능해진다.
나. 운행 중 DMS(DSD)를 놓으면 DMTR소자로 5초 후 비상제동이 체결된다.
다. 전부운전실에서 BVN 차단되고 복귀불능 시 후부운전실에서 EBCOS 취급하고 밀기운전을 하여야 한다.
라. MR압력이 6.5kg/㎠ 이하가 되면 MRPS가 동작하여 EBCR이 여자하므로 비상제동이 걸리게 된다.

해설 MR압력이 6.5kg/㎠ 이하가 되면 MRPS 가 동작하여 EBCR이 소자하므로 비상제동이 걸리게 된다.

2. 동력 운전 불능 시

조치 9　동력 운전 불능 시

① 중요도에 있어서 "비상제동 해방 불능 시"와 맞먹는다.
② '동력운전 불능 시'는 기능시험이나 이론 시험에 모두 핵심사항이다. 이론을 충분히 이해하고기능시험을 대비하여야 한다.
③ '동력 운전 불능 시' 조건과 '비상제동 해방 불능 시'의 조건은 100% 기능시험의 질문사항이다.

④ 동력운전 불능 시 우선순위: 가장 중요한 MCN, HCR로부터 시작

⑤ MCN, HCR로부터 GCU까지 어떤 과정을 거쳐서 도달하는지를 살펴본다.

[동력운전회로]

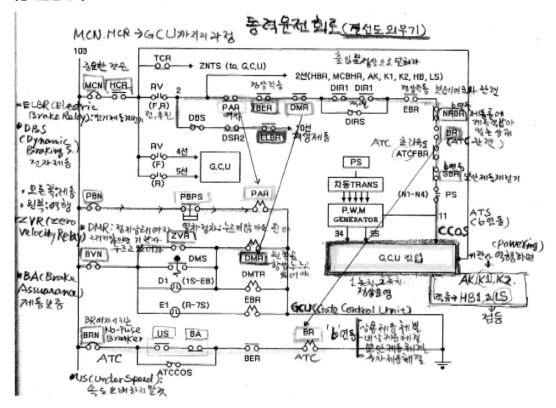

[동력 운전 불능 시 현상]

① 출입문(Door)등 점등 불능: 출입문 관련 고장 시(고장이 있는지 없는지 체크)

② CIIL 점등 및 전MCB 차단(전차선 단전 시) (CIIL이 점등 되면 열차가 가지 못함)

③ 공기압력계에 BC압력 현시(제동 체결 시) (운행 전 BC압력 체크)

④ Notch(P1 − P4)취급 시 Power등 점등 불능(25km/h − 60km/h − 80km/h 속도로 운행 중에는 Power등 점등. Power등 점등 불능이면 체크해 보아야 한다. K1, LS:접점이 붙 지 않으면 전동기가 돌지 못한다.)

[동력 운전 불능 시 원인]

① 출입문 관련 고장으로 출입문(DOOR)등 점등 불능 시

② 후부DILPN(발차지시등) 차단 또는 전부운전실MCN, HCRN, BRN 차단 시

③ 전차선 단전 전 MCB 차단 시

④ 상용제동 체결 시

⑤ 비상제동 체결 시

⑥ 보안제동 체결 시

⑦ 주차제동 체결 시

⑧ ATC운전 중 지령속도 초과 시(ATCFBR)

⑨ 전부운전실 차량의 제동불완해 검지 시(중간 차량 제동불완해 시는 바퀴가 불이 날 정도로 불빛과 냄새가 난다)

⑩ 전후진 제어기 'F' 또는 'R' 이외 위치 시(예로서 'N')

※ "정차제동'은 포함되지 않는다. 정차제동은 GCU에서 신호만 넣어주면 없어지기 때문이다.

[동력 운전 불능 시 조치]

① 출입문 관련 고장으로 출입문(Door)등 점등 불능 시 관제사 승인 후 비연동 운전 (DIRS)취급(45km/h) (직렬연결되어 운행 못하게 되면 DIRS취급하고 운전)(DIRS(Door Interlock Relay Switch: 출입문연동스위치)

② 후부 DILPN또는 전부운전실 MCN, HCRN, BRN확인, 복귀

③ 전차선 단전 또는 전MCB 차단 여부 확인 후 조치

④ 제동 체결 여부 확인, 복귀(상용제동, 비상제동, 보안제동, 주차제동)(정차제동은 없다. 왜? GCU에서 신호만 넣어주면 없어지므로)

⑤ 제동 불완해 검지 시 EBRS(Emergency Brake Release Switch: 강제완화스위치) 취급

⑥ 전후진제어기 'F' 또는 'R' 위치 확인, 복귀

⑦ ATC 운전 중 지령속도 초과 시 확인 제동 취급(1−7 Step, 확인제동 취급하면 → 정상으로 복귀)

⑧ 전부운전실에서 불능 시 후부운전실에서 시도

⑨ 그래도 안되면, Pan 하강, BS(BS핸들) 취거 후(빼고나서) 약 10초 후 재기동(10초: GCU에 입력신호 넣는 데 소요되는 시간)

⑩ 상기 사항으로 불능(그래도 안 되면)시 구원연결

[동력운전회로]

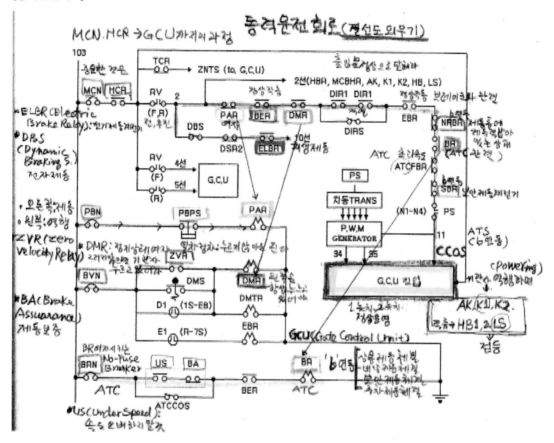

[학습코너] 역행불능 시 조치

① 전후진 제어기의 전후진 위치 확인
② MCVB투입 확인
③ Door등 점등 확인(후부운전실 DILPN차단 확인)
④ BC완해위치에서 2~3초간 역행 취급
⑤ ATSN1, ATCN, ATCPSN 차단 확인
⑥ ATCCOS 차단 취급(ATS, ATC구간 모두 해당)
⑦ 후부 운전실에서 취급
⑧ 1량 역행 불능 시 구동차 CN1, CN3 확인
⑨ 전부운전실 PBPS 확인
⑩ 전부운전실 PBPS 확인(주공기압력 6.0-7.0kg/cm^2)

예제 다음 중 4호선 VVF전기동차 전 차량 동력운전 불능 시 조치로 아닌 것은?

가. 전부운전실 MCN, HCRN, 확인, 복귀

나. 출입문 관련 고장으로 출입문(Door)등 소등 확인

다. 보안제동 걸림 및 BRN차단 여부 확인

라. 제동 불완해 검지 시 EBRS 취급

해설 출입문 관련 고장으로 출입문(Door)등 점등 확인

예제 다음 중 역행 불능 시 확인 사항 아닌 것은?

가. MCB 투입 확인

나. 전부운전실 PBPS 확인

다. 후부운전실 DILPN차단 확인

라. ATSN1, ATCN, ATCPSN 차단 확인

해설 전부운전실 DILPN차단 여부를 확인해야 한다.

[출입문]

대구지하철 3호선, 승객 발빠짐 사고 근원적 예방대책 추진

[출입문 DILP, DLP, DRO]

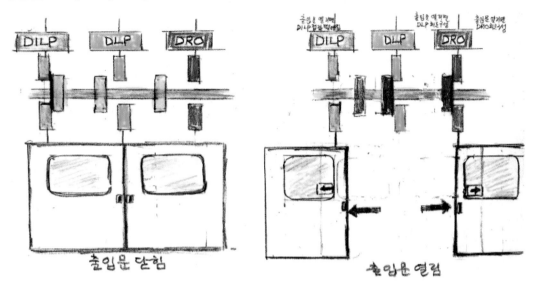

출입문 닫힘   출입문 열림

예제 다음 중 4호선 VVVF 전동차 동력 운전 불능 시 기기가 차단되어 나타나는 현상으로 맞지
않는 것은?

가. 전부 운전실 DILPN차단 시 Door, 계기등은 소등되나 동력 운전이 가능하고, 후부 운전실
DILPN이 차단되면 Door 계기등은 소등되고, 동력 운전이 가능하다.

나. 전부 운전실 MCN이 차단되면 MCB차단으로 동력 운전 불가능하다.

다. 전부 운전실 HCRN이 차단되면 비상제동 체결로 동력 운전 불가능하다.

라. 전부 운전실 BRN이 차단되면 BR무여자로 동력 운전 회로가 차단된다.

해설 전부 운전실 DILPN차단 시 Door, 계기등은 소등되나 동력운전이 가능하고, 후부 운전실 DILPN이 차
단되면 Door 계기등은 소등되고, 동력운전이 불가능하다.

예제 다음 중 4호선 VVVF 전동차 동력 운전 불능인 경우의 원인이 아닌 것은?

가. 후부DILPN(발차지시등) 차단

나. 전차선 단전 전 MCB 차단 시

다. 전, 후부 운전실MCN, HCRN, BRN 차단 시

라. ATC운전 중 지령속도 초과 시

해설 **[동력 운전 불능 시 원인]**
① 출입문 관련 고장으로 출입문(DOOR)등 점등 불능 시
② 후부DILPN(발차지시등) 차단 또는 전부운전실MCN, HCRN, BRN 차단 시
③ 전차선 단전 전 MCB 차단 시
④ 상용제동 체결 시
⑤ 비상제동 체결 시
⑥ 보안제동 체결 시
⑦ 주차제동 체결 시 ATC운전 중 지령속도 초과 시(ATCFBR)
⑧ 전부운전실 차량의 제동불완해 검지 시(중간 차량 제동불완해 시는 바퀴가 불이날 정도로 불빛과 냄새가 난다)
⑨ 전후진 제어기 'F' 또는 'R' 이외 위치 시(예로서 'N')
※ '정차제동'은 포함되지 않는다. 성차세동은 GCU에서 신호만 넣어주면 없어지기 때문이다.

예제 다음 중 4호선 VVVF 전동차 동력 운전 불능 시 원인으로 틀린 것은?

가. 상용제동 체결 시　　　　　　　　나. 비상제동 체결 시
다. 주차제동 체결 시　　　　　　　　**라. 정차제동 체결 시**

해설 '정차제동'은 운전 불능 시 원인으로 포함되지 않는다. 정차제동은 GCU에서 신호만 넣어주면 없어지기 때문이다.

예제 다음 중 4호선 VVVF 전동차 동력 운전 불능 시 조치가 아닌 것은?

가. 제동 불완해 검지 시EBRS취급
나. 제동 체결 여부 확인, 복귀(상용제동, 비상제동, 보안제동, 주차제동)
다. 출입문 관련 고장으로 출입문(Door)등 점등 불능 시 관제사 승인 후 연동 운전 취급
라. 후부 DILPN또는 전부운전실 MCN, HCRN, BRN확인, 복귀

해설 출입문 관련 고장으로 출입문(Door)등 점등 불능 시 관제사 승인 후 비연동 운전(DIRS)취급한다.

[4호선 VVVF 전동차 동력 운전 불능 시 조치]
① 출입문 관련 고장으로 출입문(Door)등 점등 불능 시 관제사 승인 후 비연동 운전(DIRS)취급 (45km/h)
② 후부 DILPN또는 전부운전실 MCN, HCRN, BRN확인, 복귀
③ 전차선 단전 또는 전MCB 차단 여부 확인 후 조치
④ 제동 체결 여부 확인, 복귀(상용제동, 비상제동, 보안제동, 주차제동) (정차제동은 없다. 왜? GCU에서 신호만 넣어주면 없어지므로)

⑤ 제동 불완해 검지 시 EBRS(Emergency Brake Release Switch: 강제완화스위치)취급

⑥ 전후진제어기 'F' 또는 'R' 위치 확인, 복귀

⑦ ATC 운전 중 지령속도 초과 시 확인 제동 취급(1-7 Step, 확인제동 취급하면 → 정상으로 복귀)

⑧ 전부운전실에서 불능 시 후부운전실에서 시도

⑨ 그래도 안되면, Pan 하강, BS(BS핸들) 취거 후(빼고 나서) 약 10초 후 재기동(10초: GCU에 입력 신호 넣는 데 소요되는 시간)

⑩ 상기 사항으로 불능(그래도 안 되면) 시 구원연결

예제 다음 중 4호선 VVVF 전동차 동력 운전 불능 시 조치사항으로 틀린 것은?

가. 출입문(Door)등 점등 불능 시 관제사 승인 후 비연동 운전(DIRS)취급(45km/h)

나. ATC 운전 중 지령속도 초과 시 확인 제동 취급

다. 전부운전실 DILPN또는 MCN, HCRN, BRN확인, 복귀

라. 제동 불완해 검지 시 EBRS취급

해설 후부 DILPN또는 전부운전실 MCN, HCRN, BRN확인, 복귀는 동력 운전 불능 시 조치사항 중에 하나이다.

예제 전기동차의 전부운전실이 고장인 경우 후부 운전실에서의 운전속도는?

가. 10km/h 이하   나. 15km/h 이하

다. 25km/h 이하   라. 45km/h 이하

해설 전부운전실이 고장인 경우 후부 운전실에서 25km/h 이하로 열차를 최근 역까지 운전해야 한다.

예제 다음 중 DC구간에서 장시간 정전 후 급전 시 전동차를 재기동 하기 위해 적정한 최소 전압으로 맞는 것은?

가. 600V 이상   **나. 900V 이상**

다. 1,200V 이상   라. 1,500V 이상

해설 장시간 정전 후 급전 시는 전동차를 재기동하기 위해서는 전차선 전압이 900V 이상이 되어야 한다.

제6장

출입문 고장 시

제6장

출입문 고장 시

1. 출입문 고장 시

조치 10   출입문 고장 시

[닫힘시]   [열림시]

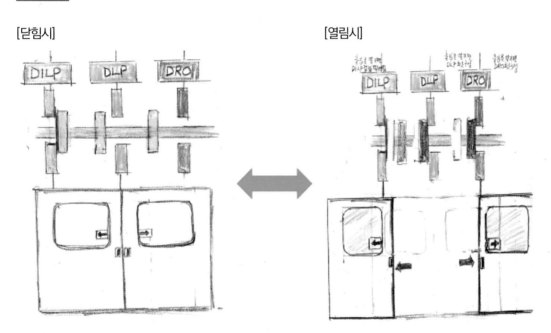

1) 출입문(Door)등 점등 불능 시

[출입문(Door)등 점등 불능 시 현상]

① TGIS화면에 출입문 1개 이상 열림 표시(TGIS화면에 80개 출입문 모두 보인다)

② 출입문(Door)등 소등
③ 동력운전 불능

[출입문(Door)등 점등 불능 시 원인]

① 출입문 1개 이상 개방 시
② 전, 후부운전실 DILPN 차단 시(DILPN(No Fuse for Door Indicator Lamp: 발차지시등 회로차단기))
③ DS(Door Switch) 접점 불량 시(DS: 80개 접점)
④ Door등 전구 절손 시

[출입문(Door)등 점등 불능 시 조치]

① TGIS화면에서 출입문 닫힘 여부 확인(열차 전체: 운전실에서 닫힘 여부를 체크하고, 1 개 차량은 해당 차에서 닫힘 여부를 찾는다)
② 전, 후부 운전실 DILPN(NO Fuse for DILP: 열차발차지시등) 차단여부 확인
　가. 전부 운전실 DILPN 차단 시: Door등, 계기등 소등 및 동력운전 가능
　나. 후부 운전실 DILPN 차단 시: Door등, 계기등 소등 및 동력운전 불능(후부에서는 80개 출입문을 거쳐 오기 때문에 동력운전 불가능)
③ Door등 전구 절손 시 계기등 및 TGIS화면으로 확인하고 운전 가능
④ 복귀 불능 시 관제사 승인 후 비연동 운전((DIRS: Door Interlock Relay Switch: 출입문 연동 계전기스위치) 취급)(DIRS: 평상 시 OFF상태, 취급 시 ON으로 전환)
　※ 비연동: 출입문과 연동시키지 않고 별개로(따로) 움직인다.

예제 **다음 중 4호선 VVVF 전동차의 출입문(Door)등이 점등 불능 시 현상 및 조치로 틀린 것은?**

가. Door등 전구 절손 시 계기등 및 TGIS화면으로 확인하고 운전 가능
나. 전, 후부 운전실 DILPN(NO Fuse for DILP: 열차발차지시등) 차단여부 확인
다. 복귀 불능 시 관제사 승인 후 비연동 운전(DIRS 취급)
라. 전부 운전실 DILPN 차단 시: Door등, 계기등 소등 및 동력운전 불능

해설 출입문(Door)등이 점등 불능 일 때 후부 운전실 DILPN 차단 시 Door등, 계기등 소등 및 동력운전 불능

[출입문]

대구지하철 3호선, 승객 발빠짐 사고 근원적 예방대책 추진

2) 전 차량 출입문 열림 불능 시

[출입문 열림 회로]

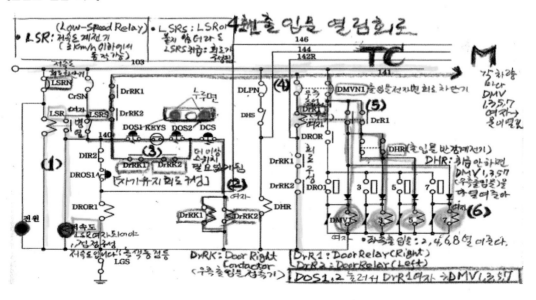

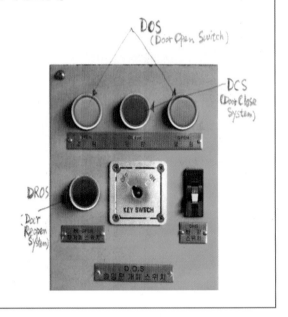

[출입문 개폐스위치]

1) 키를 꽂고 90도로 돌린 다음에
2) 양쪽의 열림스위치를 한꺼번에 눌러주면 출입문이 열리게 된다(단 정차 중인 경우 3초 이하에서만, LSR(Low Speed Relay)이 여자되었을 경우에만)
3) DCS(Door Close System)(녹색버튼)를 누르면 출입문이 닫힌다.
4) 출입문을 닫는데 승객, 물건 등이 끼어 있다면 DROS(Door Reopen System) 출입문제개방스위치)를 누른다. 닫히지 않은 해당 출입문만 다시 개방이 된다.
5) DROS스위치에서 손가락을 때면 다시 출입문이 닫히게 된다.

[전 차량 출입문 열림 불능 시 원인]

① CrSN(No Fuse for Conductor Switch: 출입문스위치 회로 차단기)차단 시
② 출입문 개폐보안장치의 Power Switch(LSRN) 차단 시
③ LSR불량 시
④ DOS 1,2(Door Open Switch) 및 DCS(Door Close Switch) 전기 접점 불량 시 축전지 전압 70V 이하 시(70 이하는 힘(배터리)이 약해서 작동불능)

[학습코너] 출입문 보안장치

1. 열차속도 3km/h 출입문 개방회로 차단해서 승객 안전 확보
2. 정상 동작 시 현상
   - 열차 속도 3km/h 이하 시 저속도등(녹색) 점등
   - 열차 속도 3km/h 이상 시 저속도등 소등
3. LSRN(Power Switch (LSRN: No Fuse for Low Speed Relay)): ON시 출입문 보안 장치에 전원 공급 및 LSR(Low Speed Relay: 저속도계전기) 여자
4. 출입문개폐비연동 S(LSRS): OFF 위치가 정위이며, ON 위치 시 기능 상실(보안기능 없어짐)

[전 차량 출입문 열림 불능 시 조치]

① 축전지 전압 확인

② CrSN 확인, 복귀

③ LSRN(Power Switch) 확인, 복귀

④ LSRS취급

⑤ 후부운전실에서 불능 시 전부운전실에서 취급

3) 출입문 1량 열림 불능 시 조치

① 해당 차량 DMVN1,2(DMV: Door Magnet Valve: 출입문전자변, DMVN: 출입문전자회로변차단기)

② 해당 차량 출입문 대표 코크 3개 확인(객실 내 1개, 객실 외 2개)(공기로 차단되어 있어서 문을 밀면 열려진다.)

③ 해당 차량 객실 의자 밑 CR 공기관 코크 차단 여부 확인(공기관 코크가 막혔는지 확인)

④ 복귀 불능 시 감시자 승차 여객 분승(여러 열차에 나누어 분산) 조치 후 차량교환역까지 운행

※ 출입문 2개 이상 개방 불능 시는 회송 조치한다(개방 불능 시 그대로 종점까지 간다).

예제 다음 중 4호선 VVVF전동차의 출입문 1개 열 불능 시 조치 사항이 아닌 것은?

가. 해당 차량 DMVN1,2 확인 복귀

나. 해당 차량 출입문 대표 코크 3개 확인

다. 복귀 불능 시 감시자 승차 여객 분승

라. TC차 CR 공기관 코크 차단 여부 확인

해설 '해당 차량 객실 의자 밑 CR 공기관 코크 차단 여부 확인'이 출입문 1개 열 불능 시 조치 사항 중에 하나이다.

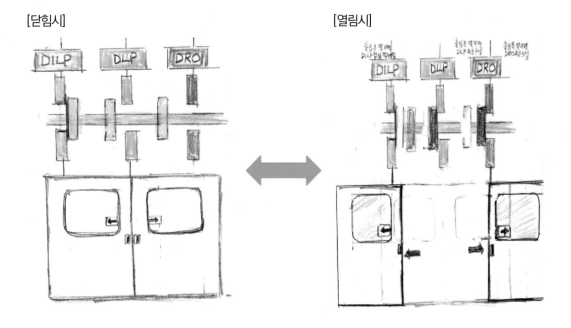

[닫힘시]　　　　　　　　　　　　　　　　　　　[열림시]

4) 출입문 1개 닫힘 불능 시 조치

① 해당 출입문 콕크 확인, 복귀
② 복귀 불능 시 출입문 보호막 및 안전로프 설치
③ 역무원 감시자 승차 및 안전집무전호 확인
④ 관제사 통보 후 역장의 출발지시전호 확인 후 DIRS 취급하고 차량교환역까지 비연동
　　운전

예제 [ ]개 출입문이 닫히지 않을 때 관제사의 승인에 따른 출입문 [　　] 운전취급으로 [
　　　] 역까지 운전한다.

정답 1, 비연동, 차량교환(최근)

예제 출입문 [ ]개 이상 닫힘 불능 시는 관제사에게 통보하고 [ ] 역까지 운행 후 [　　]한다.
　　(닫힘 불능 시: 최근 역까지 간다. (열림 불능 시보다 더 위험하므로))

정답 2, 최근, 회송조치

[출입문 닫힘 회로]

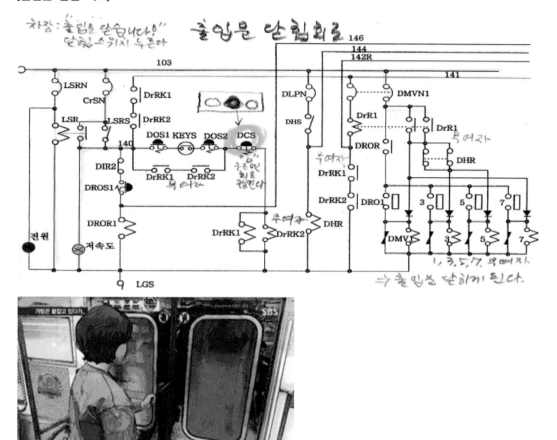

전동차 문에 낀 가방끈 잡고 있다가... 손가락 절단(SBS뉴스)

예제 다음 중 서울교통공사 출입문 1개 닫힘 불능 시 조치 사항이 아닌 것은?

가. 역무원 감시자 승차 및 안전집무전호 확인

나. 복귀 불능 시 출입문 보호막 및 안전로프 설치

다. 관제사 통보 후 역장의 출발지시전호 확인 후 DIRS 취급하고 차량교환역까지 비연동 운전

라. 최근 역까지 운행 후 회송 조치

해설 출입문 2개 이상 닫힘 불능 시 관제사에게 통보하고 최근 역까지 운행 후 회송 조치한다. 1개 닫힘 불능 시는 차량교환 역까지 출입문 비연동운전한다.

다음 중 서울교통공사 출입문 고장 시 조치 사항이 아닌 것은?

가. 출입문 1개 닫힘 불능 시 복귀 불능 시 출입문 보호막 및 안전로프 설치

나. 1량의 차량 출입문 열림 불능 시 해당 차량 객실 의자 밑 CR 공기관 콕크 차단 여부 확인

다. 편성 중 2개 이상의 출입문이 닫히지 않을 때 관제통보, 최근역까지 운행 후 조치

라. 전 차량 출입문 열림 불능 시 DIRS취급

전 차량 출입문 열림 불능 시 LSRS취급

다음 중 서울교통공사 출입문 1개 닫힘 불능 시 조치 사항이 아닌 것은?

가. LSRN 차단 확인 후 복귀

나. 해당차량 출입문 대표 코크 3개 확인

다. 해당차량 DMVN1,2 확인 후 복귀

라. 해당차량 객실의자 및 CR공기관 코크 차단여부 확인

LSRN차단 시 전차량 열림 불능이다.

제7장

SIV 고장 시·CM 구동 불능 시

SIV 고장 시 · CM 구동 불능 시

1. SIV 고장 시

조치 11 SIV 고장 시

SIV와 CM의 위치 (TC1,TC2, TC2 차량)

TC1 0	M 1	M 2	T1 3	4	T2 5	T1 6	M 7	M 8	TC2 9

B S C   B S C   B S C

[SIV 회로 간략도]

11. SIV 고장 시

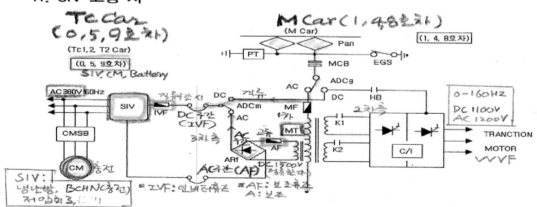

[SIV 및 고압보조회로 구성도]

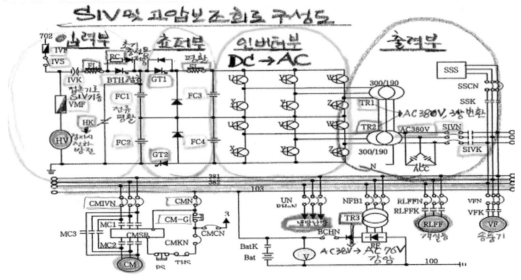

 1) SIV 경고장으로 정지 시

① 380V를 배출시키는 SIV는 다양한 고장이 많다.
② 이런 저런 고장을 작은 고장과 큰 고장으로 분류한다.

[SIV 경고장으로 정지 시 현상]
① TGIS화면에 SIV가 '정지'로 표시된다.
② 3초 후 자동 재기동 신호가 발생하여 SIV재기동(30초 내 자체에서 고치면 재기동)
③ 60초 동안 재고장 감시 시간 동작(60초 동안 자기진단 후 못 고친다 → "SIV 고장"표시)
④ 60초 감시 시간 내 재고장이 발생되지 않으면 SIV정상 가동
⑤ 고장표시등 점등되지 않음

예제 다음 중 4호선 VVVF전기동차의 SIV경고장으로 정지 시 현상으로 틀린 것은?

가. TGIS화면에 SIV가 '정지'로 표시된다.
나. 10초 후 자동 재기동 신호가 발생하여 SIV재기동
다. 60초 감시 시간 내 재고장이 발생되지 않으면 SIV정상 가동
라. 고장표시등 점등되지 않음

SIV경고장으로 정지 시 '3초 후 자동 재기동 신호가 발생하여 SIV재기동'된다.

다음 중 4호선 VVVF전기동차 SIV 경고장 발생 시 재기동 이후 재고장 감시 동작시간으로 맞는 것은?

가. 10초   나. 20초

다. 40초   라. 60초

경고장 발생 후 60초 감시 시간 내 재고장이 발생되지 않으면 SIV정상 가동, 재고장 발생 시 중고장으로 처리한다.

[SIV INVERTER]

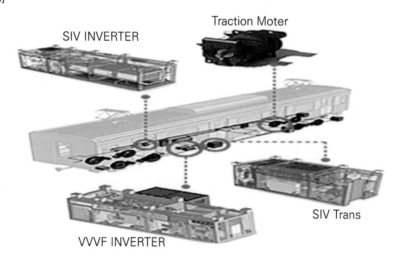

2) SIV 경고장 발생 후 감시 시간 이내 재차 고장 발생 시

[현상]

① TGIS화면에 'SIV 고장' 현시

② 자동 재기동을 하지 않고 완전 정지함

③ SIVMFR(SIV Fault Relay: SIV고장계전기)이 여자하여 ASF(Aux. Supply Fault Lamp: 보조회로 고장표시등) 점등 및 해당 차량 차측등 점등(백색차측등)

④ SIVMFR여자하여 ESPS(Extension Supply Push Button Switch: 연장급전누름스위치) 취급

시 SIVCN(SIV회로차단기)을 트립시켜(SIVCN 쪽으로 전기가 오지 않는다) 연장급전회로 구성

※ 붉은 색: 출입문 열면 들어오고, 닫으면 꺼진다.

[조치]

① 1차 Reset 취급

② 복귀 불능 시 ESPS취급하여 연장급전(복귀불능 시: "아! SIVFR이 여자 되었구나")

③ 연장급전 불능 시 수동으로 해당차 SIVCN 차단(No Fuse Breaker(NFB))를 떨어트린다 (SIVCN: 1,5,9호차에 있다).

[참고]

SIV경고장 발생 후 60초 감시 시간 이내에 재차 고장이 발생하면 SIV중고장으로 검지되어 고장신호 SIVFR을 출력한다. 그러나 다음 조건인 경우 단번에 중고장 처리된다.

[SIV 중고장 검지 조건]

① AF단락 시(AF: AC Aux. Fuse(보조 휴즈))

② IVF(인버터 휴즈) (DC구간)

③ 과온 시 (SIV 자체 온도가 높을 때)

④ 충전 이상 시 (BCHN 충전 이상 시)

⑤ 입력전압 이상 시(DC1,500V들어와서 AC 380V로 나간다.)

예제 다음 중 4호선 VVVF전기동차 SIV 중고장의 원인이 될 수 없는 것은?

가 AF단락 시   나. IVF(인버터 휴즈) (DC구간)

다. 과온 시 및 충전 이상 시   **라. 입력전류 이상 시**

해설 입력전압 이상 시 SIV 중고장의 원인이 될 수 있다.
[SIV 중고장 검지 조건]
- AF단락 시(AF: AC Aux. Fuse(보조 휴즈))
- IVF(인버터 휴즈)(DC구간)
- 과온 시(SIV 자체 온도가 높을 때)
- 충전 이상 시(BCHN 충전 이상 시)
- 입력전압 이상 시(DC1,500V 들어와서 AC 380V로 나간다)

[TGIS 현시]

① OFF

② SIV 고장(경고장)

③ SIV중고장(IVF)

④ 주변압기 3차 과전류 중고장(AF)(SIV 전 AC구간 MT과전류)

[SIVMFR여자조건]

① 경고장 발생 후 감시 시간(60초) 이내에 재차 고장 발생시

② AF단락 시, IVF단락 시, 과온 시, 충전 이상 시, 입력전압 이상 시

[SIV(MT3차측)과전류 시 고정표시등]

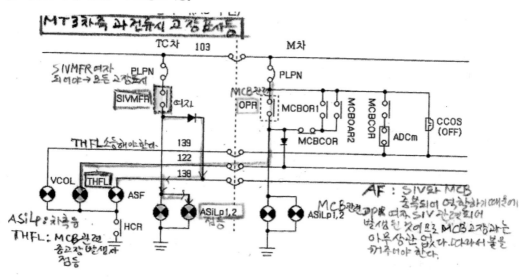

3) IVF용손으로 SIV정지 시 (DC 구간)

[IVF용손으로 SIV정지 시 현상]

① TGIS화면에 'SIV'중고장 현시

② SIVMFR이 여자하여 ASF 및 차측등 점등

③ SIVMFR이 여자하여 ESPS 취급 시 SIVCN을 트립시켜(차단시켜야 한다) 연장급전회로
   구성

[IVF용손으로 SIV정지 시 조치]

① TGIS화면에 'SIV 중고장'현시

② ESPS 취급하여 연장급전

③ 연장급전 불능 시 수동으로 해당 차 SIVCN차단

예제 다음 중 4호선 VVVF전기동차의 IVF 용손으로 SIV정지 시(DC 구간)의 현상으로 틀린 것은?

가. TGIS화면에 'SIV'중고장 현시

나. SIVMFR이 여자하여 ASF 및 차측등 점등

다. SIVMFR이 여지하여 ESPS 취급 시 SIVCN을 트립시켜 연장급전회로 구성

라. SIVMFR이 소자되어 ASF 및 차측등 점등

해설 'SIVMFR이 여자하여 ASF 및 차측등 점등'이 IVF 용손으로 SIV정지 시 (DC 구간)의 현상 중에 하나
이다.

4) AF용손으로 SIV정지 시(AC 구간)

[AF용손으로 SIV정지 시 현상]

① TGIS화면에 '주변압기 3차 과전류' 현시

② SIVMFR이 여자하여 ASF 점등 및 해당차 차측등 점등(M차 및 TC차에 모두 점등)

③ THFL(Train Heavy Fault Lamp: 중고장표시등)점등, 해당 M차 MCB차단 및 차측등 점등

④ SIVMFR이 여자하여 ESPS취급 시 SIVCN를 트립시켜 연잔급전회로 구성

[AF용손으로 SIV정지 시 조치]

① TGIS화면 또는 차측등으로 고장 확인

② ESPS 취급하여 연장급전

③ 연장급전불능 시 해당차 SIVCN 차단하여 연장급전

④ VCOS취급하여 4/5출력으로 운행

⑤ VCOS취급 시 VCOL(Vehicle Cut-Out Lamp: 차량차단표시등), THFL(Train Heavy
Fault Lamp: 중고장표시등)과 M차의 차측등이 소등된다(VCOS취급: THFL꺼짐. 지금
MCB문제가 아니므로).

※ 만약 교류구간 운행 중 1호차의 AF(Aux. Fuse)가 용손된 경우에는 THFL과 ASF점등되
고 1호차의 MCB가 차단되며 0호차, 1호차의 차측등이 점등된다.

※ VCOS취급 시 VCOL(차량차단표시등)이 점등되고 THFL과 1호차의 차측등이 소등되며,
ASF(Aux. Supply Fuse(보조 휴즈)등과 0호차의 차측등은 점등을 유지한다.
　－SIV(0,5,9호차), M차(1호차): 모두 꺼지게 된다.

[SIV AC구간 회로도]

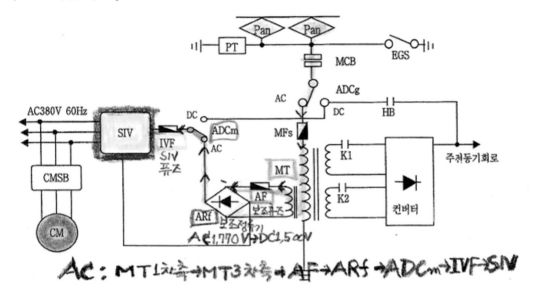

예제 다음 중 4호선 VVVF전기동차의 AF 용손으로 SIV정지 시 (AC 구간)의 현상으로 틀린 것은?

가. TGIS화면에 '주변압기 2차 과전류' 현시

나. SIVMFR이 여자하여 ASF 점등 및 해당차 차측등 점등(M차 및 TC차에 모두 점등)

다. THFL(Train Heavy Fault Lamp: 중고장표시등) 점등, 해당 M차 MCB차단 및 차측등 점등

라. SIVMFR이 여자하여 ESPS취급 시 SIVCN를 트립시켜 연장급전회로 구성

해설 AF 용손으로 SIV정지 시 (AC 구간) GIS화면에 '주변압기 3차 과전류' 현시된다.

[현상]
• TGIS화면에 '주변압기 3차 과전류' 현시
• SIVMFR이 여자하여 ASF 점등 및 해당차 차측등 점등(M차 및 TC차에 모두 점등)
• THFL(Train Heavy Fault Lamp: 중고장표시등) 점등, 해당 M차 MCB차단 및 차측등 점등
• SIVMFR이 여자하여 ESPS취급 시 SIVCN를 트립시켜 연장급전회로 구성

예제 다음 중 4호선 VVVF전기동차의 AF 용손으로 SIV정지 시 (AC 구간)의 현상으로 틀린 것은?

가. TGIS화면에 '주변압기 3차 과전류' 현시

나. SIVMFR이 여자하여 ASF 점등 및 해당차 차측등 점등(M차 및 TC차에 모두 점등)

다. THFL점등, 해당 M차MCB차단 및 차측등 점등

라. SIVMFR이 여자하여 ESPS취급 시 SIVCN를 투입시켜 연장급전회로 구성

해설 AF 용손으로 SIV정지 시 (AC 구간) SIVMFR이 여자하여 ESPS취급 시 SIVCN를 트립시켜 연장급전회로를 구성한다.

[현상]
- TGIS화면에 '주변압기 3차 과전류' 현시
- SIVMFR이 여자하여 ASF 점등 및 해당차 차측등 점등(M차 및 TC차에 모두 점등)
- THFL(Train Heavy Fault Lamp: 중고장표시등) 점등, 해당 M차 MCB차단 및 차측등 점등
- SIVMFR이 여자하여 ESPS취급 시 SIVCN를 트립시켜 연잔급전회 구성

예제 다음 고장 발생 시 조치 방법 중 옳지 않은 것은?

가. 고장발생시 백색 차측등이 전등되는 경우는 SIVFR 동작 시도 포함된다.

나. ACArr 파손 시 급전이 되어 MCB재투입 시 재차 단전 및 폭음이 일어난다.

다. 재기동 시 10초의 여유를 두어 재기동하는 이유는 ACOCR 점호 및 게이트 전원 도장 후 5초간 기기의 손실방지를 위해 주회로 충전을 차단하기 위함이다.

라. 리셋 3초 후 MCBCS를 취급하는 것은 리셋 입력 시에 CPU및 DSP 초기설정시간이 필요하기 때문이다.

해설 재기동 시 10초의 여유를 두어 재기동하는 이유는 OVCRf 점호 및 게이트 전원 도장 후 5초간 기기의 손실방지를 위해 주회로 충전을 차단하기 위함이다.

예제 다음 중 4호선 VVVF 전기동차 고장 시 조치에 대한 설명으로 틀린 것은?

가. 연장급전 시 5초 후 CM재기동

나. SIV구동하면 3초 후 CM 구동

다. SIV경고장 시 60초 감시 시간 내에 재고장이 발생하지 않으면 SIV 정상가동

라. AC구간에서 AF용손으로 SIV 정지 시 주변압기 3차 과전류가 현시된다.

해설 연장급전 시 4초 후 CM재기동한다.

예제 다음 중 4호선 VVVF 전기동차 정지형 인버터(SIV)의 출력전압으로 맞는 것은?

가. AC380V
다. AC100V

나. AC200V
라. AC440V

해설 SIV 출력 정격전압(4호선: AC380V, 과천선: AC440V

예제 다음 중 4호선 VVVF 전기동차 SIVMFR 여자 조건이 아닌 것은?

가. 출력전압 이상 시
다. IVF단락 시

나. 충전 이상 시
라. AF단락 시

해설 입력전압 이상 시
[SIVMFR여자조건]
1. 경고장 발생 후 감시 시간(60초) 이내에 재차 고장 발생시
2. AF단락 시, IVF단락 시, 과온 시, 충전 이상 시, 입력전압 이상 시

예제 다음 중 4호선 VVVF 전기동차 SIV고장원인으로 틀린 것은?

가. AC구간에서 SIV전류에 의한 AF용손 시
다. AC구간에서 IVF용손 시

나. SIV회로 단락 시 및 SIV 온도상승 시
라. SIVMFR 여자 시

해설 DC구간에서 IVF용손 시

예제 다음 중 4호선 VVVF 전기동차 운행 중 1호차 AF용손 시에 관련된 사항으로 틀린 것은?

가. VCOS취급 시 VCOL등이 점등되고 THFL등 및 0호차 차측등이 소등된다.
나. VCOS취급 시 1호차의 MCB가 차단된다.
다. 0호차 및 1호차의 차측등이 점등된다.
라. 운전실에서 THFL및 ASF등이 점등된다.

해설 VCOS취급 시 VCOL등이 점등되고 THFL등 및 1호차 차측등이 소등된다.

[보조전원장치(SIV) 전원 사용처]

구분	전원종류	사용처
과천선 차량 SIV (AC440V)	AC(교류) 전원	전동공기압축기(CM), 냉방장치, 난방장치, 주변환기냉각송풍전동기 (CIBM), 주변압기냉각 송풍전동기(MTBM), 주변압기냉각유 펌프 전동기(MTOM), 리액터 냉각송풍전동기(FLBM), 객실등 등
	DC(직류) 전원	축전지 충전, 각종 저압제어회로 전원, 객실 비상등 제동장치, 출입 문 장치 등
4호선 차량 SIV (AC380V)	AC(교류) 전원	전동공기압축기(CM), 냉방장치, 난방장치, 객실등 등
	DC(직류) 전원	축전지 충전, 각종 저압제어회로 전원, 객실 비상등, 제동장치, 출입 문 장치

2. CM(공기압축기) 구동 불능 시

조치 12 **CM(공기압축기) 구동 불능 시**

CM: Compressor Motor: 공기압축기

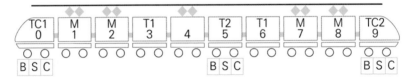

SIV와 CM의 위치 (TC1,TC2, TC2 차량)

[CM(주공기압축기)]

CM(주공기압축기)는 전동차의 제동. 출입문 개폐 등의 공기를 생산하는 장치(부산교통공사)

[CM구동 불능 시 원인]

① SIV 정지 시

② CMKN 차단 시 (접촉(K)이 안됐을 때)

③ CMN(No Fuse Breaker for CM: 공기압축기 회로차단기)과 CMCN(NFB for CM Control: 공기압축기 전동기회로차단기) 둘 다 차단(전기 자체가 오지 않음)

④ CMIVN 차단 시(차체 하부)

⑤ 압축기 과온 시(TMS＝110도 C)

⑥ 압축기 내 압력 상승 시(PS＝2.7(kg/㎠))

[CM구동 불능 시 조치]

① TGIS 화면에 SIV 정지 여부 확인

② CMN, CMCN, CMKN차단 여부 확인, 복귀

③ CMIVN 차단 여부 확인, 복귀

④ SIV정지로 CM 정지 시 연장급전하면 CM은 재구동한다.

[참고] 현상

① SIV 구동하면 3초 후 CM이 구동한다.
② 연장급전 시 4초 후CM이 재구동한다.
③ CMSB(기동장치) 고장 시 5초 후 By-Pass회로가 구성된다.
④ CMC불량으로 CM계속 구동 시 고장 차량의 CMN을 차단하여야 한다(CMG 위에 CMN이 위치: CMN만 차단해도 된다).

예제 다음 중 4호선 VVVF전동차의 CM 구동 불능 시 원인으로 틀린 것은?

가. SIV 정지 시

나. CMN과 CMCN 둘 중 하나만 차단 시

다. 압축기 과온 시

라. 압축기 내 압력 상승 시

해설 CMN과 CMCN 둘 다 차단 시 CM 구동이 불능된다.

[CM구동불능 시 원인]
① SIV 정지 시
② CMKN 차단 시(접촉(K)이 안 됐을 때)

③ CMN(No Fuse Breaker for CM: 공기압축기회로차단기)과 CMCN(NFB for CM Control: 공기압축기 전동기회로차단기) 둘 다 차단(전기 자체가 오지 않음)
④ CMIVN 차단 시(차체 하부)
⑤ 압축기 과온 시(TMS=110도 C)
⑥ 압축기 내 압력 상승 시(PS=2.7(kg/㎠))

[예제] 다음 중 4호선 VVVF전동차의 CM 구동 불능 시 원인으로 틀린 것은?

가. CMG불량으로 CM계속 구동 시 고장 차량의 CMKN을 차단하여야 한다.

나. CMN, CMCN, CMKN차단 여부 확인, 복귀

다. SIV 구동하년 3초 후 CM이 구동한다.

라. CMSB(기동장치) 고장 시 5초 후 By-Pass회로가 구성된다.

[해설] CMG불량으로 CM계속 구동 시 고장 차량의 CMN을 차단하여야 한다.

[조치]
① TGIS 화면에 SIV 정지 여부 확인
② CMN, CMCN, CMKN차단 여부 확인, 복귀
③ CMIVN 차단 여부 확인, 복귀SIV정지로 CM 정지 시 연장급전하면 CM은 재구동한다.

[현상]
① SIV 구동하면 3초 후 CM이 구동한다.
② 연장급전 시 4초 후 CM이 재구동한다.
③ CMSB(기동장치) 고장 시 5초 후 By-Pass회로가 구성된다.
④ CMG불량으로 CM계속 구동 시 고장 차량의 CMN을 차단하여야 한다.

제8장

ATS 고장 시 · ATC 고장 시 · ATS/ATC 절환 불능 시

ATS 고장 시·ATC 고장 시·ATS/ATC 절환 불능 시

1. ATS 고장 시

조치 13 ATS(Automatic Train Stop) 고장 시

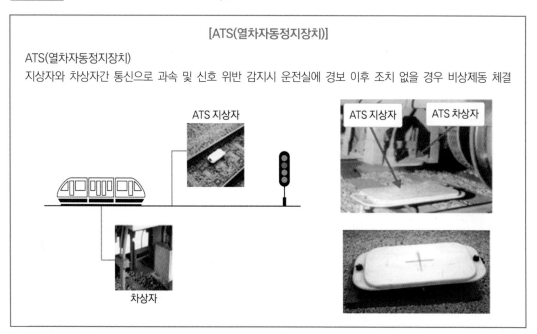

[ATS(열차자동정지장치)]

ATS(열차자동정지장치)
지상자와 차상자간 통신으로 과속 및 신호 위반 감지시 운전실에 경보 이후 조치 없을 경우 비상제동 체결

ATS 지상자

ATS 지상자   ATS 차상자

차상자

[ATS 고장 시 현상]

① ATS Alarm Bell 울림 (때르릉----)

② 비상제동 체결

③ TGIS화면에 'ATS고장' 현시된다.

④ 동력운전 불능(BER)

[ATS 고장 시 조치]

① 운행 중 ATS에 의한 비상 제동 체결 시는 제동 핸들을 즉시 비상위치로 한다(제동 7스텝 사용: 제동투입 → 비상위치 → 7스텝 안전루프 회복단계).

② 전부운전실 ATSN1,2 차단 여부 확인, 복귀
　－ATSN1, ATSN2차단: 비상제동 체결
　－ATSN3: 비상제동 해방용, ATS를 아무 기능도 못하는 기계장치로 만들어 놓는다.)

③ 복귀 불능 시(그래도 안 되면) 관제 승인 후 ATSCOS 취급

④ ATSCOS 취급 이후에도 Alarm Bell이 계속 울리면 ATSN3가 차단한다.

⑤ 45km/h 이하 운전

[참고]

① R1구간 진입 시 관제 통보 후 15KS를 취급한다.
② Ro 진입 시 관제 관제 승인 후ASOS(ATS특수운전보조스위치)를 취급한다.
③ 제동핸들 취거 후 재투입하거나 SOCgS(입환절환스위치) 'NO' → "SO" → 'NO'(좌우로 왔다 갔다) 위치로 절환하면 45km/h로 재설정된다.

　• NO위치: 본선 운전 시
　• SO위치: 입환 시
　• ATSN3 차단: ATS를 아무 기능도 못하는 기계장치로만 만들어 놓는다. 고철 덩어리로 만든다.

[열차자동 정지장치(ATS)]

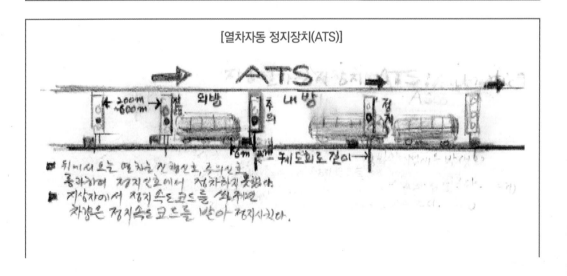

- 선행열차의 열차위치를 파악하여 후속열차에 대한 안전한 운행속도를 지상신호기를 통하여 승무원 기관사에게 지시하고 과속 시 ATS가 작동
- 궤도회로의 길이를 200~600m로 구분하여 열차위치 검지((궤도회로의 길이: 폐색구간의 길이) 궤도를 전기회로의 일부분으로 활용한다. 폐색구간은 궤도회로가 만들어 지면서 가능해졌다고 볼 수 있다. 열차가 폐색구간을 진입하면 열차 축에 의해 단락이 된다. 열차가 점유하는 것을 알 수 있게 된다. 하나의 열차의 길이가 20m이므로 10량이면 200m에 달하므로 200m는 최소 길이로 보면 된다.)
- 선행열차와의 거리에 따라 지상신호에 주의, 감속, 정지 등의 신호를 현시
- 신호기 내방 2m, 외방 6m 정도 사이에 설치된 ATS지상자에 신호조건 연계('주의'이면 주의신호를 쏴주고, '정지'이면 정지신호를 쏴준다)

[ATS R1, R0 진입 시 절차]

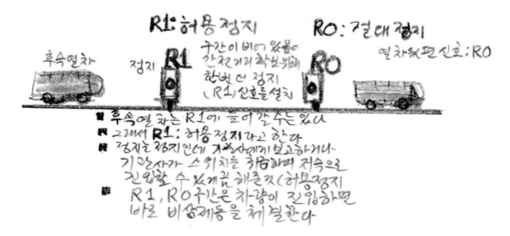

[ATS]

허용정지 'R1'
신호 122KHz 지상자 수신시 상태를 나타낸다.

절대정지 'RO'
신호 30KHz지상자 수신 시 상태를 나타낸다.

[ATS모드 시]

취급버튼 ASOS버튼
RO 신호의 수신 또는 RO 지상자 직전에서 AOS 버튼을 취급하면 점등되고,1회만 진입가능하다.

15KM/h 버튼
R1 신호 수신 또는 R1 지상지 직전에서 15Km/h 버튼을 취급하면 점등되고, 1회 한 진입 가능하다.

[ATS]

−ATS: Box(함)와 ATC Box(함)은 운전실 내에 설치되어 있다.

−ATS: 4호선 N1,2,3(No−Fuse breaker) 3개

−ATS: 과천선 N1,2(No−Fuse breaker) 2개

[지상신호방식+차상신호방식(ATS에 의한 점제어)]

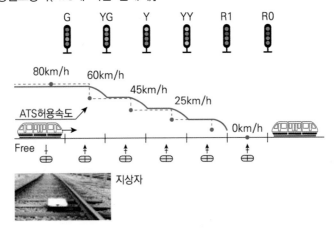

예제 전동열차 운행 중 ATS회로에 고장 발생 현상이 아닌 것은?

가. 동력운전은 가능하다.　　　　　　　　나. TGIS화면에 "ATS고장"이 현시된다.

다. 열차에 비상제동이 체결된다.　　　　　라. ATS Alarm Bell이 울린다.

해설 동력운전이 불가능하다.
　　　　[현상]
　　　　① ATS Alarm Bell울림 (때르릉----)
　　　　② 비상제동 체결
　　　　③ TGIS화면에 'ATS고장' 현시
　　　　④ 동력운전 불능 (BER)

예제 전동열차 운행 중 ATS회로에 고장 발생 현상이 아닌 것은?

가. TGIS화면에 "ATS고장"이 현시된다.　　나. **3초 후 열차에 비상제동이 체결된다.**

다. ATS Alarm Bell이 울린다.　　　　　　라. 동력운전 불능

해설 ATS회로에 고장 발생 시 열차에 비상제동이 체결된다.

예제 다음 중 4호선 VVVF전기동차 ATS 고장 시 조치사항으로 틀린 것은?

가. ATSCOS 취급 이후에도 Alarm Bell이 계속 울리면 ATSN2가 차단한다.

나. 복귀 불능 시 관제 승인 후 ATSCOS 취급한다.

다. 전부운전실 ATSN1,2 차단 여부 확인, 복귀시킨다.

라. 운행 중 ATS에 의한 비상 제동 체결 시는 제동 핸들을 즉시 비상위치로 한다.

해설 ATSCOS 취급 이후에도 Alarm Bell이 계속 울리면 ATSN3가 차단한다.
　　　　[조치]
　　　　① 운행 중 ATS에 의한 비상 제동 체결 시는 제동 핸들을 즉시 비상위치로 한다(제동 7스텝 사용: 제
　　　　　동투입 → 비상위치 → 7스텝 안전루프 회복단계)
　　　　② 전부운전실 ATSN1, 2 차단 여부 확인, 복귀
　　　　　- ATSN1, ATSN2 차단: 비상제동 체결
　　　　　- ATSN3: 비상제동 해방용, ATS를 아무 기능도 못하는 기계장치로 만들어 놓는다.)
　　　　③ 복귀 불능 시 관제 승인 후 ATSCOS 취급
　　　　④ ATSCOS 취급 이후에도 Alarm Bell이 계속 울리면 ATSN3가 차단한다.
　　　　⑤ 45km/h 이하 운전

예제 다음 중 4호선 VVVF전기동차 ATS에 대한 설명으로 옳지 않은 것은?

가. ATSCOS취급 후 45km/h 이하 주의 운전

나. R1구간 진입 시 관제 통보 후 15KS 취급

다. ATS에 의한 비상제동 체결 시는 제동핸들을 즉시 비상위치로 한다.

라. ATS/ATC 절환 불능 시는 ATCCOS 취급

해설 ATS/ATC 절환 불능 시는 LCCOS(Locking Coil Cut Out Switch: 쇄정코일 개방스위치) 취급한다.

[ATC에서 ATS전환 시 락(Lock: 잠금) 체결]

2. ATC 고장 시

조치 14 ATC(Automatic Train Control) 고장 시

－철길(궤도)에 주파수가 흐르도록 해 놓고, 열차가 주파수를 감지(철길에 1590Hz를 깐다)

－예컨대 98Hz: 진행, 106Hz: 시속 45km/h, 114Hz: 시속 25km/h

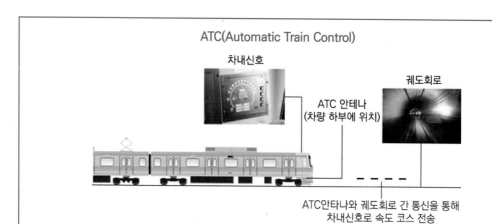

ATC(Automatic Train Control)

차내신호

궤도회로

ATC 안테나
(차량 하부에 위치)

ATC안타나와 궤도회로 간 통신을 통해
차내신호로 속도 코스 전송

ATC(열차자동제어장치)

• 지상자 대신에 선로 아래에 궤도회로를 설치,ATC 안테나와 궤도회로의 통신을 통해 운전실에서 실시간
으로 제한 속도 확인 가능

• 열차 과속 감지 시 제한 속도까지 상용제동을 통하여 감속, 기관사가 제동 취급 등의 조치를 취하지 않을
경우 비상제동 체결

	[ATS와 ATC System 비교]		[궤도회로]
분류	ATS	ATC	
제어방식	점제어	연속제어	
신호기	설치됨	없음(궤도회로)	
운전형태	본선운전 구내운전 (수동설정) 15Km/h운전, 특수운전	본선운전 구내운전 (자동설정) 정지 후 진행운전	
속도 초과 시	3초 이내 확인제동 (Y, YY감시)	ATC자동 7Step제동 (모든 속도코드 감시)	
열차지시 속도	지상자 및 차상자	궤도회로 및 수신코일	

예제 다음 중 시스템 안전도 비교에 있어 ATC방식에 관한 설명으로 틀린 것은?

가. 지상자에서 올라오는 점속도를 기준으로 한다.

나. 전방 궤도의 변화에 민감하다.

다. ATS방식에 비해 높은 안전도를 가지고 있다.

라. 차내신호방식이다.

해설 • ATS: 점제어방식이므로 기관사는 운전 중 지상신호기의 현시를 확인해야 하며, ATS는 지상자를 통과할 때만 지상의 정보를 받을 수 있다. 그 것을 점제어라고 한다.
• ATC: 차내 신호방식으로 45km/h 이상의 최고속도에서도 과속운전 시 ATS에서는 45km/h 속도까지만 감지를 할 수 있다. 만약 제한속도가 65km/h인데 기관사가 70km/h로 달리면 그것은 ATS가 제어하지 못한다. ATC는 65km/h 이상의 속도도 감지할 수 있다. 과속 경보 후 3초 이내에 반응하여 속도 이하로 감속시킨다.

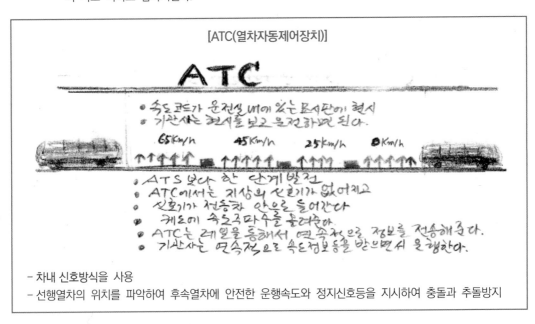

[ATC(열차자동제어장치)]

– 차내 신호방식을 사용
– 선행열차의 위치를 파악하여 후속열차에 안전한 운행속도와 정지신호등을 지시하여 충돌과 추돌방지

[ATC와 관련된 신호보안장치]

[ATC 고장 시 현상]

① ATC Alarm Bell 울림(삐－－－－) (15KS 누를 때) (ATS "때르르릉" －－－"딩동"— "딩동") (15KS 누를 때)

② 비상제동 체결(정차: 15km/h현시 "삐－－－ " 8초) (ASOS(특수스위치): 무음(소리가 나지 않을 시 더 위험하고 긴장되는 상황))

③ TGIS 'ATC 고장' 현시

④ 동력운전 불능(BR)

[ATC 고장 시 조치]

① ADU(Aspect Display Unit: 차내신호기) 무현시 시 ATCN, ATCPSN, HCRN확인, 복귀

② 복귀 불능 시 관제 승인 후 ATCCOS 취급(관제: "4 → 12번으로 가십시요!" 등)

③ 지령식 시행 시 45km/h 이하로 주의 운전

[ATC 모드 시]

YARD 버튼
Yard 모드로 진입하며 점등 표시된다.

15Km/h 버튼
무코드나 정지신호(16.2Hz) 수신 시에 일단 정지 후 를 눌러 열차 진행

YARD

15Km/h

예제 다음 4호선 전동차가 ATC 고장 시 현상 및 조치 사항으로 틀린 것은?

가. ATC Alarm Bell 울림

나. ADU 무현시 시 ATCN, ATCPSN, HCRN확인, 복귀

다. 복귀 불능 시 관제 승인 후 ATCCOS 취급

라. 지령식 시행 시 25km/h 이하로 주의 운전

해설 지령식 시행 시 45km/h 이하로 주의 운전

[현상]
① ATC Alarm Bell 울림
② 비상제동 체결
③ TGIS 'ATC 고장' 현시
④ 동력운전 불능(BR)

[ATC 고장 시 조치]
① ADU무현시 시 ATCN, ATCPSN, HCRN확인, 복귀
② 복귀 불능 시 관제 승인 후 ATCCOS 취급
③ 지령식 시행 시 45km/h 이하로 주의 운전

예제 다음 고장고치에 대한 설명 중 바르지 않는 것은?

가. ATCPSN 차단 시에는 ADU가 무현시되어 복귀 불능 시에는 ATCCOS취급을 하여야 비상제동이 복귀된다.

나. MR공기 누설로 MR압력이 $6.5kg/cm^2$ 이하로 되면 MRPS이 동작하여 비상제동이 체결되어 차간 MR콕크를 취급해야 한다.

다. 연장급전 시 전, 후부차 이외의 객실등, 냉난방이 반감된다.

라. 리셋 3초 후 MCBCOS를 하는 것은 리셋 입력 시에 CPU 및 DSP초기 설정 시간이 필요하기 때문이다.

해설 연장급전 시 전체 객실등, 냉난방이 반감된다.

예제 다음 4호선 전동차가 ATC구간 운행 중 베상제동이 체결되어 ADU가 무현시되는 차단기가 아닌 것은?

가. ATCN   나. PVN
다. HCRN   라. ATCPSN

해설 ADU(Aspect Display Unit: 차내신호기) 무현시 시: ATCN, ATCPSN, HCRN 차단되었으므로 확인하여 복귀시킨다. PVN: 비상제동이 체결되고 ADU에 현시가 된다.

3. ATS/ATC 절환 불능 시

조치 15 ATS/ATC 절환 불능 시

[ATS/ATC 절환 불능 시 현상]
① 금정역 또는 종착역에서 운전실 교환 후 절환스위치ATS/ATC(CSCgS) 적정 위치로 절환 불능(하선: 오이도역 상선 당고개역 등에 왔을 때 ATS와 ATC를 바꾸어야 한다.)
② ATS/ATC 절환스위치(CSCgS) 미절환 상태로 전도 운전 불가

③ ATS 구간에 미절환 상태로 진입 시 ATC 정지 후 진행모드 동작(정지 후 진행모드: "삐익" 8초마다 "삐익" ASOS 취급한 상황과 유사)

④ ATS 구간에 미절환 상태로 진입 시 ATS비상제동 걸림

※ ATS: 밑에서 올라오는 신호 98Hz, ATC: 5.5Hz

※ ATS: SOCgS(입환절환스위치)와   ATC: 절환스위치(CSCgS)를 구분해야 한다.

[ATS/ATC 절환 불능 시 조치]

① 제동핸들 7스텝 위치(안전루프회로를 정상으로 복귀시키므로)

② LCCOS 취급하고 ATS/ATC 절환스위치(CSCgS)를 절환한다.

③ 절환 불능 시(그래도 안되면) CSCN(ATC와 ATS절환제어차단기) 차단 여부 확인

※ LCCOS(Locking Coil Cut Out Switch: 쇄정코일개방스위치)

[ATS 시스템 현시램프]

ATS 운영모드 선택시 ATS 시스템 현시램프가 점등된다.

> ATS

[ATCA시스템 현시램프]

ATC 운영모드 선택시 ATC 시스템 현시램프가 점등된다.

> ATC

[절환 자동표시]

계 선택(OMS) 스위치가AUTO에 있을 경우 ATS/C AUTO가 표시되며 아닌 경우 MANUAL이 표시된다.

예제 다음 4호선 전동차가 ATS/ATC 절환 불능 시 현상 및 조치 사항으로 틀린 것은?

가. ATS 구간에 미절환 상태로 진입 시 ATC 정지 후 진행모드 동작

나. ATS 구간에 미절환 상태로 진입 시 ATS비상제동 걸림

다. LCCOS 취급하고 ATS/ATC 절환스위치(CSCgS)를 절환한다.

라. ATS/ATC 절환스위치(CSCgS) 미절환 상태로 전도 운전

해설 ATS/ATC 절환 불능 시 ATS/ATC 절환스위치(CSCgS) 미절환 상태로 전도 운전 불가하다.

   [현상]
   ① 금정역 또는 종착역에서 운전실 교환 후 절환스위치ATS/ATC(CSCgS) 적정 위치로 절환 불능
   ② ATS/ATC 절환스위치(CSCgS) 미절환 상태로 전도 운전 불가

③ ATS 구간에 미절환 상태로 진입 시 ATC 정지 후 진행모드 동작
④ ATS 구간에 미절환 상태로 진입 시 ATS비상제동 걸림

[조치]
① 제동핸들 7스텝 위치LCCOS 취급하고 ATS/ATC 절환스위치(CSCgS)를 절환한다.
② LCCOS 취급하고 ATS/ATC 절환스위치(CSCgS)를 절환한다.
③ 절환 불능 시 CSCN(ATC와 ATS절환제어차단기) 차단 여부 확인

예제 **다음 4호선 전동차가 ATS/ATC 절환 불능 시 현상 및 조치 사항으로 틀린 것은?**

가. ATS 구간에 미절환 상태로 진입 시 ATC 정지 후 진행모드 동작

나. ATS 구간에 미절환 상태로 진입 시 ATS비상제동 걸림

다. VCOS 취급하고 ATS/ATC 절환스위치(CSCgS)를 절환한다.

라. 절환 불능 시 CSCN(ATC와 ATS절환제어차단기) 차단 여부 확인

해설 ATS/ATC 절환 불능 시. LCCOS 취급하고 ATS/ATC 절환스위치(CSCgS)를 절환한다.
LCCOS(Locking Coil Cut Out Switch: 쇄정코일개방스위치)

제9장

객실등 점등 불능 시 · 냉난방 불능 시

제9장

객실등 점등 불능 시·냉난방 불능 시

1. 객실등 점등 불능 시

조치 16 객실등 점등 불능 시

※ 객실등: 교류 220V(TC: 14개, M: 16개), 직류 100V 8개

※ (서울교통공사: 직류 100V로만 구성)

[열차 객실등]

추억과 낭만 가득(경북나드리열차, 네이버 블로그)

STR 개통식(SBS 뉴스 2016.12.08.)

[객실등 회로]

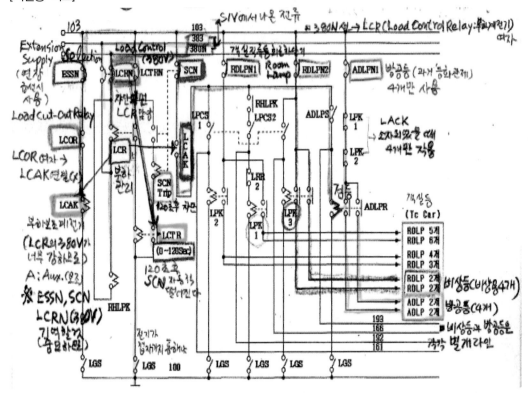

[객실등 점등 불능 시 원인]

- 기관사는 가고, 서고, 고장을 처리한다.
- 나머지 서비스 관련 사항(출입문, 냉난방, 객실등)은 SCN통해 후부에서 제어

　① 후부 TC차 SCN차단 시(SCN부터 살펴본다)

　② 후부 TC차 ESSN차단 시

　③ 후부 LCRN 차단 후 120초 경과 시(LCTR에 의해 120초 후 차단)

　④ 후부 LCAK 소자 시 (LCAK 소자되면 안 된다.)

　⑤ 후부 LPCS1,2 접점 불량 시(LPCS: 램프 켜는 스위치)

※ SCN(NFB "Service Control": 객실부하제어회로차단기)

※ LCRN(NFB "Load Control Relay": 부하제어계전기회로차단기

※ ESSN(NFB "Extension Supply Selection": 연장급전선택회로차단기)

※ LCAK (Load Control Aux. Contactor: 부하제어보조접촉기)

[객실등 점등 불능 시 조치]

① 후부 TC차 SCN 확인, 복귀

② 후부 TC차 ESSN 확인, 복귀

③ 후부 LCRN 확인, 복귀(LCRN: 120초 경과 후 LCTR) (LCRN: 380V에서 온다. 만약 LCRN 통하여 전압이 오지 않으면 SIV에 이상이 있는 것이다)(SIV가 공급되지 않는데 103선 살아 있으면 배터리 전원이 방전된다. 배터리 방전을 보호하기(막기 위해) LCTR(Load Control Time Relay: 부하제어시한계전기)에 의해 120초 후에 차단되도록 한다.)

④ 후부 LPCS1,2 확인

⑤ 불능 시 전부운전실에서 취급

[참고] 객실등 고장 시 확인사항

① 객실등은 전부운전실 LPCS1,2를 OFF시킨 상태에서 후부운전실에서 제어한다(후부운전실에서 제어되지 않으면 뒤의 LPCS1,2를 차단).

② 교직절연구간 통과 시 RHLPK(Room Half Lamp Contactor)가 소자하여 객실등은 반감된다(교직절연구간:전기를 쓰지 않으므로 객실등 반감하여 사용한다).

③ 가선 단선 또는 SIV 정지 후(380V가 오지 못할 때) 120초 경과 시(LCTR이 여자되므로) SCN 트립코일이 여자되어 SCN이 트립된다.

④ SIV2대 고장(SIV 3개 중 2개 고장)시 연장급전하면 LCOR(Load Cut-Out Relay)이 여자하여 LCAK가 소자된다. (LCAK(Load Control Aux. Contactor: 부하제어보조접촉기))

⑤ LCAK 소자 시 객실등(RDLP)은 비상용 4개씩만 점등된다.

⑥ LCAK 소자 시 냉, 난방은 모두 OFF된다.

⑦ RDLPN1,2(NFB for RDLP: 객실직류등)차단 시는 해당 차량의 객실등 점등 불능

⑧ 방공등(ADLP)을 켤 때에는 LPCS1,2를 차단하여야 한다.

- RALP(Room Lamp(AC): 객실교류등)
- RDLP(Room Lamp(DC): 객실직류등)
- RDLPN(NFB for RDLP: 객실직류등회로차단기)

예제 다음 중 4호선 전동차 객실등 점등 불능 시 원인에 해당하지 않는 것은?

가. 후부 TC차 ESSN차단 시   나. 후부 RHLPK 차단 후 120초 경과 시

다. 후부 LCAK 소자 시   라. 후부 LPCS1,2 접점 불량 시

해설 후부 LCRN 차단 후 120초 경과 시 객실등 점등 불능된다.

- LCAK (Load Control Aux. Contactor: 부하제어보조접촉기)
- LCRN(NFB for Load Control Relay: 부하제어계전기회로차단기)

[객실등 점등 불능 시 원인]
① 후부 TC차 SCN차단 시
② 후부 TC차 ESSN차단 시
③ 후부 LCRN 차단 후 120초 경과 시
④ 후부 LCAK 소자 시(LCAK 소자되면 안 된다.)
⑤ 후부 LPCS1,2 접점 불량 시

예제 다음 중 4호선 전동차 객실등 점등 불능 시 조치로서 맞는 것은?

가. 전부 LCRN 확인, 복귀   나. 불능 시 전부운전실에서 취급

가. 후부 TC차 ESSN 확인, 복귀   라. 후부 TC차 SCN 확인, 복귀

해설 객실등 점등 불능 시 후부에서 LCRN 확인, 복귀시켜야 한다.

[객실등 점등 불능 시 조치]
- 후부 TC차 SCN 확인, 복귀   • 후부 TC차 ESSN 확인, 복귀
- 후부 LCRN 확인, 복귀   • 후부 LPCS1,2 확인
- 불능 시 전부운전실에서 취급

예제 다음 중 4호선 전동차 객실등에 대한 설명으로 틀린 것은?

가. LCAK 소자 시 객실등(RDLP)은 비상용 4개씩 만 점등된다.

나. 교직절연구간 통과 시 RHLPK가 소자하여 객실등은 반감된다.

다. 가선 단선 또는 SIV 정지 후 120초 경과 시 SCN 트립코일이 여자되어 SCN이 트립된다.

라. SIV 2대 고장 시 연장급전하면 LCOR이 여자하여 LCAK가 여자된다.

해설 SIV 2대 고장 시 연장급전하면 LCOR이 여자하여 LCAK가 소자된다.

[객실등 고장 시 확인사항]
① 객실등은 전부운전실 LPCS1,2를 OFF시킨 상태에서 후부운전실에서 제어한다(후부운전실에서 제어되지 않으면 뒤의 LPCS1,2를 차단).
② 교직절연구간 통과 시 RHLPK가 소자하여 객실등은 반감된다.
③ 가선 단선 또는 SIV 정지 후(380V가 오지 못할 때) 120초 경과 시(LCTR이 여자되므로) SCN 트립코일이 여자되어 SCN이 트립된다.
④ SIV2대 고장(SIV 3개 중 2개 고장)시 연장급전하면 LCOR(Load Cut-Out Relay)이 여자하여 LCAK가 소자된다.
⑤ LCAK 소자 시 객실등(RDLP)은 비상용 4개씩만 점등된다.

⑥ LCAK 소자 시 냉, 난방은 모두 OFF된다.
⑦ RDLPN1,2(NFB for RDLP: 객실직류등)차단 시는 해당 차량의 객실등 점등 불능
⑧ 방공등(ADLP)을 켤 때에는 LPCS1,2를 차단하여야 한다.

예제 다음 중 4호선 전동차 객실등에 대한 설명으로 틀린 것은?

가. 가선 단선 또는 SIV 정지 후120초 경과 시 SCN 트립코일이 여자되어 SCN이 트립된다.

나. SIV2대 고장 시 연장급전하면 LCOR이 여자하여 LCAK가 소자된다.

다. 교직절연구간 통과 시 RHLPK가 여자하여 객실등은 반감된다

라. 객실등 점등 불능 시 방공등(ADLP) LPCS1,2를 차단하여야 한다.

해설 교직절연구간 통과 시 RHLPK가 소자하여 객실등이 반감된다.

[열차 객실등]

1,2호선 전동차 객실등 LED 램프로 전면 교체
(대구도시철도)

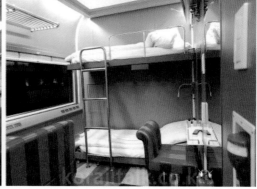

침대열차 해랑(Rail Cruise, 레일크루즈)의
객실과 내부시설

2. 전 차량 냉·난방 불능 시

조치 17 전 차량 냉·난방 불능 시

[열차 냉방장치]

강갑생의 바퀴와 날개: 80여 년 전 '에어컨'과 첫 만남.
여름에 기차 창문이 닫혔다(중앙일보)

부산도시철도 전동차, 에어컨정비로
여름맞이 준비 끝(레일뉴스)

[전 차량 냉, 난방 불능 시 원인]

① 후부 TC차 SCN 차단 시

② 후부 TC차 ESSN 차단 시

③ CHCgS 접촉 불량 시

④ SIV 2대 고장으로 연장급전 시(0,5,9호차 3대에 SIV 있음)(1대 고장: 1/2냉방, 난방: 1050V 아니고 750V까지만 공급)

⑤ 후부 TC TCR3 연동접점 불량 시(TCR은 모두 4개)(처음 Setting시 후부 TC차에서 온다. 그런데 TCR3접점 불량 시는 연동이 안 된다)(처음에 핸들 투입하면 HCR연동 4개 붙고, TCR연동 4개 붙는다)

[냉난방 제어회로]

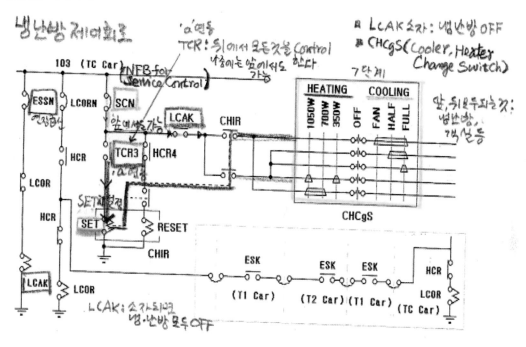

[전 차량 냉·난방 불능 시 조치]

① 후부 TC차 SCN확인, 복귀(SCN다시 올린다)

② 후부 TC차 ESSN확인, 복귀

③ CHCgS 반복 절환 취급(접점 불량 시)

※ NFB: (02A−0.5A) 0.5A가 순간적으로 SCN 지나가면 휴즈(Fuse)가 없으므로 NFB는 떨어진다. 그러면 다시 올리면 된다.

※ AF(Aux. Fuse: 보조휴즈)와 IVF(Inverter Fuse: 인버터퓨즈): 한 번 녹아버리면 고칠 수 없다.

※ MFs(Main Fuse: 주휴즈): 한 번 녹아버리면 고쳐서 쓸 수가 없다. 그렇게 되면 M차는 일반 T차가 되어 버린다.

예제 4호선 VVVF전기동차 선 사량 냉난방 불능 시 원인으로 틀린 것은?

가. 후부 TC차 ESSN 차단 시 　　　　나. CHCgS 접촉 불량 시
다. SIV 2대 고장으로 연장급전 　　　**라. 후부 TC TCR2 연동접점 불량 시**

해설 후부 TC TCR3 연동접점 불량 시 전 차량 냉난방 불능이 된다.

　　[냉난방 불능 시 원인]
　　• 후부 TC차 SCN 차단 시 　　　　• 후부 TC차 ESSN 차단 시
　　• CHCgS 접촉 불량 시 　　　　　　• SIV 2대 고장으로 연장급전
　　• 후부 TC TCR3 연동접점 불량 시

예제 4호선 VVVF전기동차 전 차량 냉난방 불능 시 원인으로 틀린 것은?

가. 후부 TC차 SCN 차단 시 　　　　나. 후부 TC차 ESSN 차단 시
다. CHCgS 접촉 불량 시 　　　　　　**라. SIV 1대 고장으로 연장급전 시**

해설 SIV 2대 고장으로 연장급전 시

예제 4호선 VVVF전기동차 전 차량 냉난방 불능 시 원인으로 틀린 것은?

가. 전부 TC차 SCN 차단 시 　　　　나. 후부 TC차 ESSN 차단 시
다. CHCgS 접촉 불량 시 　　　　　　라. SIV 2대 고장으로 연장급전 시

해설 후부 TC차 SCN 차단 시 전 차량 냉난방이 불능이 된다.
　　후부 TC TCR3 연동접점 불량 시

예제 4호선 VVVF전기동차 전 차량 냉난방 불능 시 원인으로 틀린 것은?

가. 후부 TC차 ESSN 차단 시   나. 후부 TC차 SCN 차단 시

다. 후부 TC TCR3 연동접점 불량 시   **라. LCAK 여자 시**

해설 라. SIV 2대 고장 시 연장급전하면 LCOR(Load Cut-Out Relay:부하차단계전기)이 여자하여 LCAK
(Load Control Aux. Contactor: 부하제어보조접촉기)가 소자한다(차단시키니까 끊어지게 마련이다).
가 후부 TC차 ESSN 차단 시 제어 전원 103선을 차단하여 LCAK소자한다.
나. 후부 TC차 SCN 차단 시 제어 전원 103선 차단한다.

[전 차량 냉난방 불능 시 원인]
- 후부 TC차 SCN 차단 시
- 후부 TC차 ESSN 차단 시
- CHCgS 접촉 불량 시
- SIV 2대 고장으로 연장급전 시

제10장

MCB 사고 차단·C/I 고장 시

제10장

MCB 사고 차단·C/I 고장 시

1. MCB 사고 차단

조치 18   MCB 사고 차단(ACOCR, GR, AGR 동작 시)

1) MCB 사고 차단(ACOCR, GR, AGR 동작 시)

−비상제동, 동력운전 불능 시도 핵심 부분이지만 MCB차단회로는 보다 더 중요!!!
−전에 살펴본 내용은 MCB투입, 즉 MCB를 붙이는 일이지만, 이번에는 MCB를 떨어트리
 는 작업, 즉 MCB차단에 대해 심도있게 살펴보기로 한다.

[MCB투입차단 작동과정]

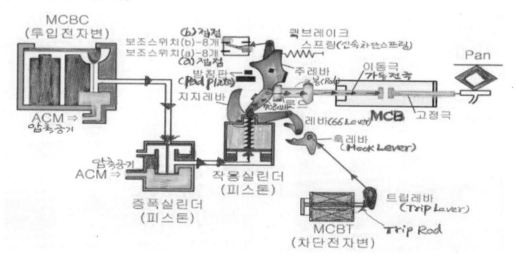

[MCB 차단 회로]

MCB 차단 크게 2가지로 구분
(1) 정상차단
   1. MCBOS 취급
   2. MCBR1 무여자
(2) 사고차단:
- ArrOCR, MCBOR1, MCBOR2여자에 의한 사고차단
- MCB의 사고차단작용:
    - MCB의 사고차단작용은 반드시
    - MCB-T(Trip)
- 코일의 여자(차단)로 이루어지므로 MCBN1, MCBN2가 차단될 경우 MCB가 차단되지 못한다.

MCB 관련 계전기 기능
- MCBR1(Main Circuit Breaker Relay1: 주차단기 보조계전기1)
    - MCB 투입조건일부 만족 시 여자되는 MCB 투입용 보조계전기
- MCBR2(Main Circuit Breaker Relay2: 주차단기 보조계전기2)
    - MCB 재투입 방지용 계전기
    - 전차선 단전 또는 사고차단 후 MCB 재투입을 방지하는 계전기
- MCBOR(MCB Operating Relay: 주차단기 개방계전기)
    - 사고차단 발생시 차량개방스위치(VCOS) 취급하면 여자
    - 여자 후 해당차량의 MCB 투입을 제한하여 주회로 기기보호
- MCBOR1,2(MCB Operating Relay: 주차단기 개방계전기1,2)
    - MCB 사고차단이 발생하였을 때 MCB를 차단하고 MCB 투입 방지
- MCBCS(MCB Close Switch: 주차단기 투입 스위치)
- MCB-T(MCB Trip): 주차단기 차단 코일

[어느 경우에 MCB 사고차단이 일어나나?]

사고차단은 교류구간에서만 이루어진다.
사고차단을 위해 여자되는 2개의 계전기
(1) MCBOR1 여자
(2) MCBOR2 여자

(1) MCBOR1 여자
- Converter에 1500A GCU에 의하여 MCBOR이 동작하고
- MCBOR연동으로 MCBOR1이 여자된다.
(2) MCBOR2 여자
- ACOCR, AGR, GR 동작 시
- MTOMR → 여자 시
- ArrOCR → 여자 시
- AFR → 소자 시

〈사고차단 기능이란?〉
- 특고압 기기를 보호하기 위해서 이상전류가 유입되거나
- 또는 특고압 기기가 고장일 때
- 제어회로 이용하고 MCB-T 코일을 여자시켜
- 자동적으로 MCB를 차단하는 기능을 말한다.

- ACOCR(AC Over Current Relay): 교류 과전류계전기
- MTOMR(MT Oil Pump Motor Relay): 주변압기 오일펌프계전기
- GR(Ground Relay): 접지계전기
- ArrOCR(Arrester Over Current Relay): 직류모진보조계전기
- AGR(Ground Relay for Aux, Circuit): 보조회로접지 계전기
- AFR(Auxiliary Fuse Relay): 보조휴즈계전기

[MCB차단회로]

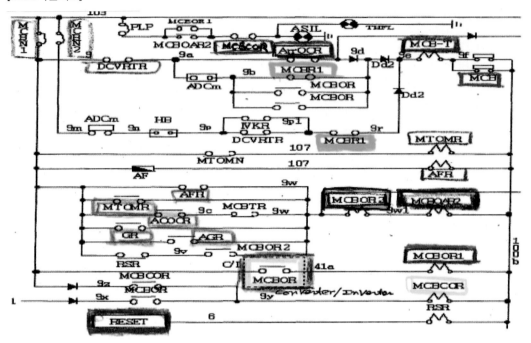

[학습코너] MCB 사고 차단, 차측등 (사고차단이 중요하므로 차측등이 동시에 들어온다)

[MCBOR1,2 소자 → 사고차단 조건]
• MCBOR 1: Converter 2500A 과전류(1개의 조건)
• MCBOR 2(총 6개 종류): ACOCR, GR, AGR, AFR, MTOMR, ArrOCR
• RESET취급으로 복귀 가능한 계전기: ACOCR, GR, AGR

[MCB관련하여 2개 점등(불이 들어옴)]
• THFR(중고장 Fault등)과 Aslip(차측등) [KORAIL구간]: C/I 고장(Converter 2500A 과전류)
• MCB 사고차단시(1, 2, 4, 7, 8(MCB있는 차))(MCB가 있는 차에만 차측등에 불이 들어옴) (1호, 0호 같이 들어오면 1호가 꺼진다(VCOS취급)) (꺼주어야지만 다른 장치 ACOCR, GR, AGR의 경우 다시 불이 들어올 수 있게 된다.)
• Aslip: SIVMFR 여자시 (0, 5, 9) (SIV가 있는 차에만 점등)

[VCOS취급 → MCBCOR → MCBR1 → 차량차단]

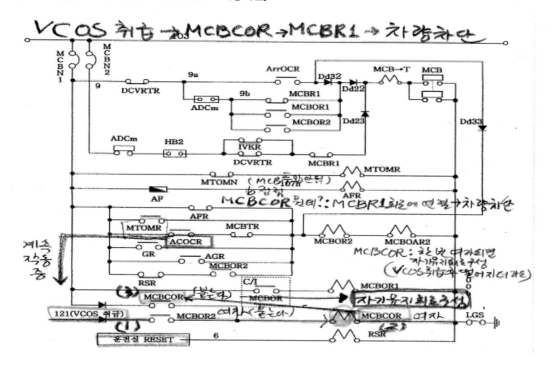

[MCB 관련 계전기 기능]

① MCBR1(Main Circuit Breaker Relay1: 주차단기 보조계전기 1)

　－MCB 투입조건일부 만족 시 여자 되는 MCB 투입용 보조계전기

② MCBR2(Main Circuit Breaker Relay2: 주차단기 보조계전기 2)

　－MCB 재투입 방지용 계전기

③ 전차선 단전 또는 사고차단 후 MCB 재투입을 방지하는 계전기

④ MCBOR(MCB Operating Relay: 주차단기 개방계전기

　－사고차단 발생시 차량개방스위치(VCOS) 취급하면 여자

　－여자 후 해당차량의 MCB 투입을 제한하여 주회로 기기보호

⑤ MCBOR1,2(MCB Operating Relay: 주차단기 개방계전기1,2)

　－MCB 사고차단이 발생하였을 때 MCB를 차단하고 MCB 투입 방지

[MCB 사고 차단 시 현상(ACOCR, GR, AGR 동작 시)]

① THFL(중고장표시등) 및 해당 차량 차측등(ASiLP) 점등

② 해당차량 MCB차단(사고차단이므로 MCB Coil여자 → MCB사고차단) (정상차단 → MCBR1 여자)

③ ACOCR동작 시 TGIS화면에 "주변압기 1차 접지" 현시(Pan → 변압기이므로 1차측)

④ GR동작 시 TGIS화면에 "주변압기 2차 접지" 현시(C/I주변이므로 2차측)

⑤ AGR동작 시 TGIS화면에 "주변압기 3차 접지" 현시(SIV측이므로)

[MCB 사고 차단 시 원인]

① 주변압기 1차측 120A 이상 과전류로 ACOCR 동작 시

② 주변압기 2차측 접지로 GR 동작 시

③ 주변압기 3차측 접지로 AGR 동작 시

[4호선 1차측, 2차측, 3차측, 4차측 회로도 및 주요기기]

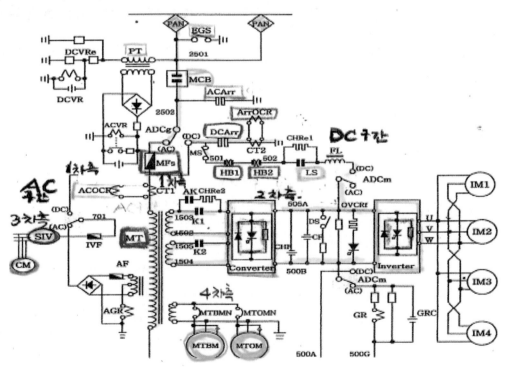

예제 다음 중 4호선 VVVF전기동차 MCB 사고차단 시 운전실에 나타나는 현상으로 틀린 것은?

가. ACOCR동작 시 TGIS화면에 "주변압기 1차 접지" 현시

나. THFL(중고장표시등) 및 해당 차량 차측등(ASiLP) 점등

다. GR동작 시 TGIS화면에 "주변압기 2차 접지" 현시

라. AGR동작 시 TGIS화면에 "주변압기 2차 접지" 현시

해설 MCB 사고차단 시 운전실에 AGR동작 시 TGIS화면에 "주변압기 3차 접지" 현시된다.

[MCB 사고 차단 시 현상(ACOCR, GR, AGR 동작 시)]
① THFL(중고장표시등) 및 해당 차량 차측등(ASiLP) 점등
② 해당차량 MCB차단(사고차단이므로 MCB Coil여자 → MCB사고차단) (정상차단 → MCBR1여자)
③ ACOCR동작 시 TGIS화면에 "주변압기 1차 접지" 현시(Pan → 변압기이므로 1차측)
④ GR동작 시 TGIS화면에 "주변압기 2차 접지" 현시(C/I주변이므로 2차측)
⑤ AGR동작 시 TGIS화면에 "주변압기 3차 접지" 현시(SIV측이므로)

[MCB차단회로]

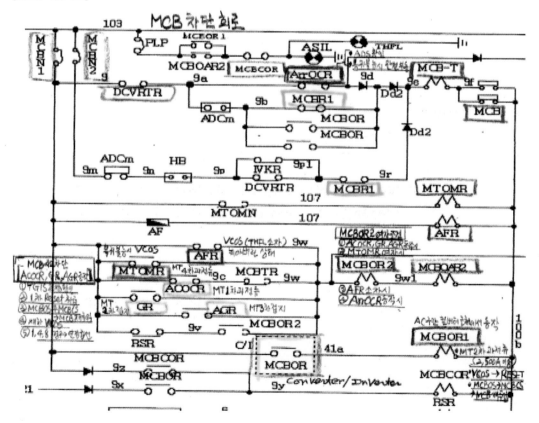

[MCB 사고 차단 시 조치]

① TGIS화면 또는 차측등으로 고장차량 확인(1,2,4,7,8호차)

② 1차 Reset 취급(THFL 및 ASilp소등) (녹는 Fuse 아니므로 1차 Reset가능) (운전실에 THFL(중고장표시등) 들어온다)

③ MCBOS취급 후 MCBCS 취급하여 MCB 재투입
  - 4호선: Reset하고 MCBOS취급
  - KORAIL: MCB 미리Open해 놓고 Reset

④ 복귀 불능 및 재차 동작 시 VCOS취급(THFL 및 ASiLP소등, VCOL점등)

⑤ 1,4,8호차인 경우(고장이면 옆 차에서) 연장급전("전기 가져와 주세요!") (5M5T → 4M6T 만들어 버린다.) (SIV를 3차측에서 가져오지 못하므로 1,4,8호 고장 시 연장급전)

⑥ 4/5출력으로 잔여 운전(4M6T) (최악의 조건인 경우: 오르막만 없으면 3M7T로도 운행 가능)

예제 다음 중 4호선 VVVF전동차 사고차단 현상이 아닌 것은?

가. GR동작 시 TGIS화면에 "주변압기 2차 접지" 현시

나. 해당차량 MCB차단

다. THFL(중고장표시등) 및 해당 차량 차측등(ASiLP) 점등

라. AGR동작 시 TGIS화면에 "주변압기 2차 접지" 현시

해설 AGR동작 시 TGIS화면에 "주변압기 3차 접지" 현시
  [MCB사고차단 현상(ACOCR, GR, AGR 동작 시)]
  ① THFL(중고장표시등) 및 해당 차량 차측등(ASiLP) 점등
  ② 해당차량 MCB차단(사고차단이므로 MCB Coil여자 → MCB사고차단) (정상차단 → MCBR1여자)
  ③ ACOCR동작 시 TGIS화면에 "주변압기 1차 접지" 현시
  ④ GR동작 시 TGIS화면에 "주변압기 2차 접지" 현시
  ⑤ AGR동작 시 TGIS화면에 "주변압기 3차 접지" 현시

예제 다음 중 4호선 VVVF전동차 사고차단 시 운전실에 나타나는 현상이 아닌 것은?

가. ACOCR동작 시 TGIS화면에 "주변압기 1차 접지" 현시

나. GR동작 시 TGIS화면에 "주변압기 2차 접지" 현시

다. AGR동작 시 TGIS화면에 "주변압기 2차 접지" 현시

라. THFL(중고장표시등) 및 해당 차량 차측등(ASiLP) 점등

해설 'AGR동작 시 TGIS화면에 "주변압기 3차 접지" 현시'가 맞다.

예제 다음 중 4호선 VVVF전동차 사고차단 현상이 아닌 것은?

가. AGR동작 시 TGIS화면에 "주변압기 3차 접지" 현시

나. 해당차량 MCB차단

다. ACOCR동작 시 TGIS화면에 "주변압기 1차 접지" 현시

라. MCBR1 여자

해설 MCBR1이 소자되면 MCB정상차단에 해당된다.

예제 다음 중 4호선 VVVF 전기동차가 직류구간에서 인버터접촉기계전기(IVKR)의 접점불량으로 MCB 차단불능 시 무가압 구간에서 MCB가 차단되도록 하는 기기는?

가. HB2   나. ADCm

다. DCVRTR   라. MCBN2

해설 DCVRTR(직류전압 시한계전기): 인버터접촉기계전기(IVKR)의 접점불량으로 MCB(주차단기) 차단불능 시 무가압 구간에서 MCB를 차단시킨다.

예제 다음 중 주변압기 1차측 과전류로 교류과전류계전기(ACOCR)동작 시 조치 내용으로 틀린 것은?

가. MCBOS → RS → 3초 후 MCBOS 취급

나. 모니터 및 차측등으로 고장차 확인

다. 복귀 불능 시 Pan 하강, BC 취거, 10초 후 재기동

라. 재차 고장 발생 시 해당 차 완전부동 취급 후 최근 역까지 운행

해설 재차 고장 발생 시 해당 차 완전부동 취급 후 연장급전

예제 다음 중 4호선 VVVF전동차의 MCBOR2가 여자되는 조건이 아닌 것은?

가. AFR 여자 시
나. ArrOCR 여자 시
다. MTOMR 여자 시
라. ACOCR, GR, AGR 동작 시

해설 AFR 소자 시 MCBOR2가 여자 된다.

[MCBOR2 여자 조건]
- ACOCR, GR, AGR 동작 시
- MTOMR 여자 시
- ArrOCR 여자 시
- AFR 소자 시

[MCB 사고 차단]

- MCBOR 1:Converter 2500A 과전류 1개
- MCBOR 2(AGA-MTAR6) 총 6개 ACOCR, GR, AGR, AFR, MTOMR, ArrOCR
- RESET 가능(AGA): ACOCR, GR, AGR

[어느 경우에 MCB 사고 차단이 일어나나?]

사고차단은 교류구간에서만 이루어진다.
사고차단을 취해 여자되는 2개의 계전기
(1) MCBOR1 여자
(2) MCBOR2 여자

(1) MCBOR1 여자
- Converter에 1500A GCU에 의하여 MCBOR이 동작하고
- MCBOR연동으로 MCBOR1이 여자된다.
(2) MCBOR2 여자:
- ACOCR, AGR, GR 동장식 　 • MTOMR → 여자 시
- ArrOCR → 여자 시 　 • AFR → 소자 시

〈사고차단 기능이란?〉
- 특고압 기기를 보호하기 위해서 이상전류가 유입되거나
- 또는 특고압 기기가 고장일 때
- 제어회로 이용하고 MCB-T 코일을 여자시켜
- 자동적으로 MCB를 차단하는 기능을 말한다.

- ACOCR(AC Over Current Relay); 교류 과전류계전기
- MTOMR(MT Oil Pump Motor Relay): 주변압기 오일펌프계전기
- GR(Ground Relay): 접지계전기
- ArrOCR(Arrester Over Current Relay): 직류모진보조계전기
- AGR(Ground Relay for Aux, Circuit:) 보조회로접지 계전기
- AFR(Auxiliary Fuse Relay): 보조휴즈계전기

2) MCB 사고 차단(AF 단락 시)

조치 19 **MCB 사고 차단(AF 단락 시) (AF녹아버린 상태)**

[MCB 사고 차단(AF 단락 시) 현상]

① THFL, ASF(Aux. Supply Fault Relay:보조회로고장표시등)및 해당 차량 차측등(ASiLP (Accident Side Lamp) 점등

② 해당 차량 MCB 차단(AF녹아내리면 MCB차단조건이 된다.)

③ TGIS 화면에 "주변압기 3차 과전류"현시(3차측(SIV계통에 과전류 발생))

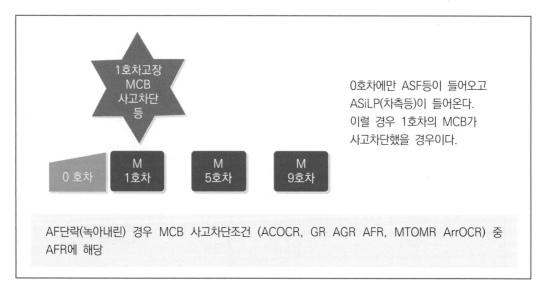

AF단락(녹아내린) 경우 MCB 사고차단조건 (ACOCR, GR AGR AFR, MTOMR ArrOCR) 중 AFR에 해당

[MCB 사고 차단(AF 단락 시) 원인]

주변압기 3차측 과전류로 AF단락 시

[MCB 사고 차단(AF 단락 시) 조치]

① TGIS 화면 또는 차측등으로 고장 차량 확인

② VCOS 취급(THFL및 해당 M차 ASiLP소등 VCOL점등)

③ 1,4,8호차인 경우 연장급전

④ 4/5출력으로 잔여 운전

※ THFL 소자되어야지 ACOCR, GR, AGR고장 시 알려준다.

[MCB 사고 차단이 일어나는 조건]

- MCBOR 1:Converter 2500A 과전류 1개
- MCBOR 2(AGA-MTAR6) 총 6개 ACOCR, GR, AGR, AFR, MTOMR, ArrOCR
- RESET 가능(AGA): ACOCR, GR, AGR

[MCB차단회로]

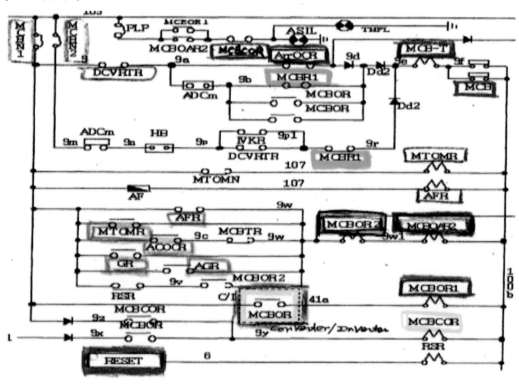

3) MCB 사고 차단(MTOMR 동작 시)

조치 20   MCB 사고 차단 (MTOMR 동작 시)

※ 사고차단 조건 → MCBOR2(총 6개 종류): ACOCR, GR, AGR, AFR, MTOMR, ArrOCR
    → 6개 중 하나인 MTOMR 동작(차단) 시 → 고장이 나면 MT 온도가 올라간다.

※ MTOMR: MT(주변압기)에 오일 공급해서 MT의 온도를 식혀준다(낮추어 준다)
    MTOMR이 동작한다는 것은 온도 식혀주는 계전기(MTOMR)가 차단된 것

[4호선 1차측, 2차측, 3차측, 4차측 회로도 및 주요기기]

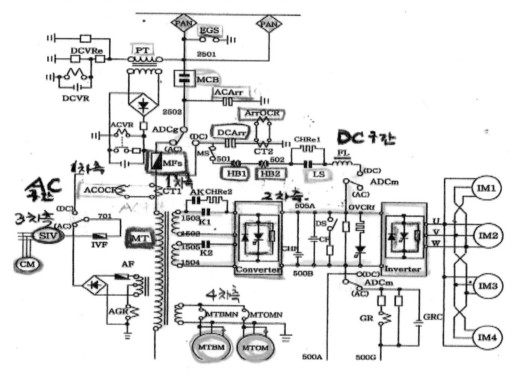

[MCB 사고 차단 (MTOMR 동작 시) 현상]

① THFL 및 해당 차량 차측등(ASiLP) 점등

② 해당 차량 MCB 차단

③ TGIS화면에: "주변압기Oil Pump NFB 차단" 현시

※ 1호차(M차) "OFF" "아! MCB가 고장났구나!"

※ 1호차(M차) ASF점등 "아! SIV계통에 고장났구나!"

[MCB 사고 차단 (MTOMR 동작 시) 원인]

주변압기 4차측 과전류로 MTOMN 차단

[MCB 사고 차단 (MTOMR 동작 시) 조치]

TGIS 화면 또는 차측등으로 고장 차량 확인

① 해당차 분점함 내 MTOMN 확인, 복귀

② Reset 취급(THFL, ASiLP소등)

③ MCBOS 취급 후 MCBCS취급하여 MCB 재투입

④ 복귀 불능 및 재차 동작 시 VCOS취급(THFL 및 ASiLP 소등, VCOL점등)

⑤ 1,4,8호차(고장)인 경우 연장급전

⑥ 4/5출력으로 잔여 운전

[MCB 사고 차단이 일어나는 조건]

- MCBOR 1:Converter 2500A 과전류 1개
- MCBOR 2(AGA-MTAR6) 총 6개 ACOCR, GR, AGR, AFR, MTOMR, ArrOCR
- RESET 가능(AGA): ACOCR, GR, AGR

---

4) MCB 사고 차단 (ArrOCR 동작 시)

조치 21 MCB 사고 차단 (ArrOCR 동작 시)

[ArrOCR(Arrester Over Current Relay): 직류모진 보조계전기]

① ArrOCR(직류모진보조계전기)과 ACArr(교류피뢰기)를 제대로 구분할 줄 알아야 한다.

② ACArr과 DCArr가 터지면 폭음과 연기가 난다. → 승객대피

③ DCArr가 터지면 ArrOCR 동작했구나!

[ArrOCR]

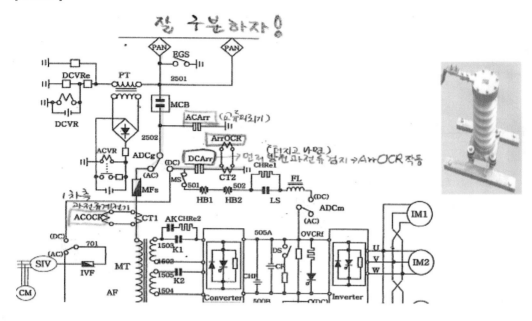

[MCB차단회로]

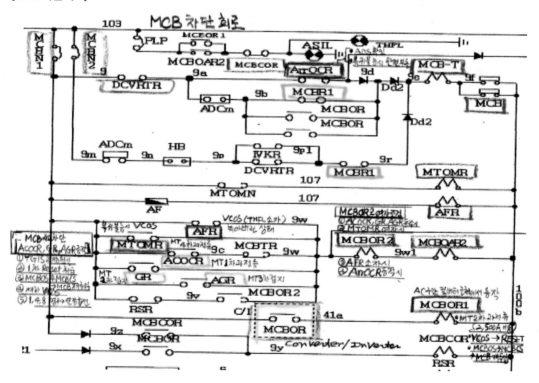

[MCB 사고 차단 (ArrOCR 동작 시) 현상]

① THFL 및 해당차량 차측등(ASiLP) 점등

② 해당차량 MCB차단

③ TGIS화면에 "교류모진(피뢰기과전류)" 현시

[MCB 사고 차단 (ArrOCR 동작 시) 원인]

교류모진 또는 낙뢰로 DCArr가 방전하여 과전류 검지 시(DCArr가 터지고 나면 ArrOCR이 작동된다.)

※ 직류(DC)구간에는 피뢰기(빌딩피뢰기 등)가 많고 차량이 주로 지하를 운행하기 때문에 열차가 낙뢰를 맞는 일이 드물다. 따라서 DCArr가 터질 가능성이 적어진다.

※ 교류(AC)구간에는 주로 지역간(서울−부산, 서울−목포 등)열차가 운행하므로 종종 번개를 맞는 경우가 발생된다.

※ AC → DC방향으로 운행하는 열차 기관사가 실수로 교직절환기를 직류로 바꾸어 놓지 않았다면 열차가 이미 직류 구간에 들어와 있기 때문에 직류 모진(직류로 잘못 들어 왔다)이라고 부른다. 직류모진 시에는 MFS가 용손(MFS가 터져 녹는다(30mm 붉은색 액체와 함께))

※ DC → AC방향으로 운행하는 열차 기관사가 실수로 교직절환기를 교류로 바꾸어 놓지 않았다면 열차가 이미 교류 구간에 들어와 있기 때문에 교류 모진(교류로 잘못 들어 왔다)이라고 부른다.

교류모진 시에는 DCArr이 터지게 되고 ArrOCR이 이어서 작동한다.

[MCB 사고 차단 (ArrOCR 동작 시) 조치]

① TGIS화면 또는 해당 차량 차측등으로 고장 차량 확인

② ADS(교직절환스위치)와 가선(AC or DC) 일치 여부확인, 취급(ADS: AC 와 DC선택스위치)

③ 가선 단전 및 복귀 불능 시 해당 차량 완전 부동 취급(완전히 T차를 만들어 버림)

④ 1,4,8호차인 경우 연장 급전

⑤ 4/5출력으로 잔여 운전

※ 완전부동: VCOS(Vehicle Cut−Out Switch)보다 더 강력한 조치로 볼 수 있다.

※ 완전부동: PanVN Pan콕크 폐쇄(마치 MCB에서 MCBR1만 죽이면 MCB가 차단되는 것처럼)

※ 완전부동 취급: Pan 있는 M차에서 Pan을 차단시키는 것. 서울교통공사: 5대의 M차의 Pan을 하강시킨다. KORAIL: 3대차 1에 Pan이 설치되어 있다.

[예제] ArrOCR 동작되는 사고차단 시 조치로 틀린 것은?

가. DS와 선(AC or DC) 일치 여부 확인, 취급
나. 가선 단전 및 복귀 불능 시 해당 차량 완전 부동 취급(완전히 T차를 만들어 버림)
다. 1, 5, 9호차인 경우 연장 급전
라. 4/5출력으로 잔여 운전

[해설] ArrOCR 동작되는 사고차단 시. 1,4,8호차인 경우는 연장 급전해야 한다.
  ① TGIS화면 또는 해당 차량 차측등으로 고장 차량 확인
  ② ADS와 선(AC or DC) 일치 여부 확인, 취급
  ③ 가선 단전 및 복귀 불능 시 해당 차량 완전 부동 취급(완전히 T차를 만들어 버림)
  ④ 1,4,8호차인 경우 연장 급전
  ⑤ 4/5출력으로 잔여 운전

[예제] 다음 중 4호선 VVVF전동차 MCB 기계적 고장으로 직류모진사고 발생 시 현상 및 조치사항으로 틀린 것은?

가. 1, 4, 8호차는 연장급전
나. 고장차량 주휴즈(MFs) 단락(용손)
다. 고장차량과 관련된 SIV OFF 및 CM OFF 현시
라. ADS 절환 시 TGIS화면에 고장 차량 MCB OFF 현시

[해설] ADS절환 시 TGIS화면에 정상 차량 MCB OFF, 고장 차량 MCB ON 현시된다.

5) MCB 사고 차단 (ArrOCR 동작 시) 조치

[조치 22] MCB 사고 차단 (MCBOR1 동작 시)

[MCB 사고 차단 (MCBOR1 동작 시) 현상]
① THFL 및 해당 차량 차측등(ASiLP) 점등
② 해당 차량 MCB차단
③ TGIS화면에 "주변압기 2차 과전류" 현시

※ 컨버터와 인버터 근처(2차측)에 2,500A 이상 과전류가 발생하여 MCB 사고 차단을 할 필요가 있을 때는 MCBOR1이 나서서 사고 차단하는 데 앞장선다. MCBOR1은 AC구간의 C/I근처에서 동작한다.

[MCB차단회로]

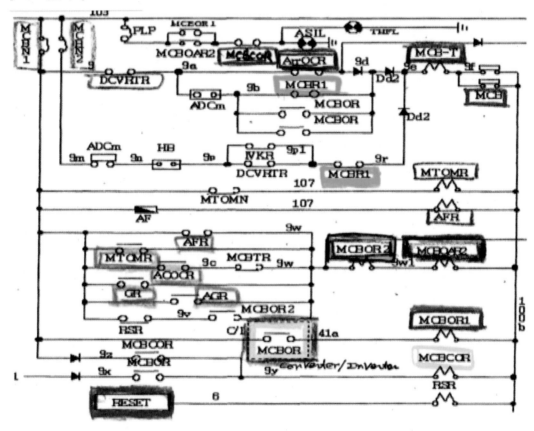

[MCBOR1에 의한 MCB사고차단]

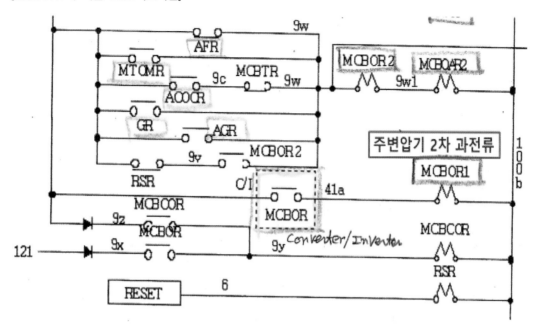

[MCB 사고 차단 (MCBOR1 동작 시) 원인]
교류구간 운행 중 주변압기 2차(컨버터 근처(2차측))에 2,500A 이상 과전류 검지 시

[MCB 사고 차단 (MCBOR1 동작 시) 조치]
① TGIS화면 또는 차측등으로 고장 차량 확인
② 1차 Reset 취급(THFL 및 ASiLP소등)
③ MCBOS취급 후 MCBCS 취급하여 MCB 재투입
④ 복귀 불능 및 재차 동작 시 VCOS Reset 취급(THFL 및 ASiLP소등, VCOL점등)
⑤ MCBOS취급 후 MCBCS 취급하여 MCB재투입
⑥ 4/5출력으로 잔여 운전(4M6T로 운행해도 가능, 5M중 4M차로도 운전이 가능하다)
※ VCOS 취급이유: 복귀 불능이나 재차 동작 시 이외에도 또 다른 고장이 발생할지 모르므로 취급한다.
※ VCOS를 취급하면 VCOL이 점등된다. 이렇게 점등되는 이유는 기관사에게 VCOS 취급한 것을 알려주기 위함이다.

[MCB사고차단은 어느 경우에 일어나나?]

사고차단은 교류구간에서만 이루어진다.
사고차단을 취해 여자되는 2개의 계전기
(1) MCBOR1 여자
(2) MCBOR2 여자

(1) MCBOR1 여자
  • Converter에 1500A GCU에 의하여 MCBOR이 동작하고
  • MCBOR연동으로 MCBOR1이 여자된다.
(2) MCBOR2 여자:
  • ACOCR, ∧GR, GR 동장식
  • MTOMR → 여자 시
  • ArrOCR → 여자 시
  • AFR → 소자 시

〈사고차단 기능이란?〉
  • 특고압 기기를 보호하기 위해서 이상전류가 유입되거나
  • 또는 특고압 기기가 고장일 때
  • 제어회로 이용하고 MCB-T 코일을 여자시켜
  • 자동적으로 MCB를 차단하는 기능을 말한다.

  • ACOCR(AC Over Current Relay): 교류 과전류계전기
  • MTOMR(MT Oil Pump Motor Relay): 주변압기 오일펌프계전기
  • GR(Ground Relay): 접지계전기
  • ArrOCR(Arrester Over Current Relay): 직류모진보조계전기
  • AGR(Ground Relay for Aux, Circuit): 보조회로접지 계전기
  • AFR(Auxiliary Fuse Relay): 보조휴즈계전기

예제 다음 중 4호선 VVVF전기동차 MCB 사고차단의 원인이 아닌 것은?

가. AF MTOMR
나. ACOCR, GR
다. ArrOCR
라. DCArr

해설 MCB 사고차단원인: ACOCR, GR, AGR, AFR, MTOMR, ArrOCR

[MCB 관련 계전기 기능]
- MCBR1(Main Circuit Breaker Relay1: 주차단기 보조계전기1)
  - MCB 투입조건 일부 만족 시 여자 되는 MCB 투입용 보조계전기
- MCBR2(Main Circuit Breaker Relay2: 주차단기 보조계전기2)
  - MCB재투입 방지용 계전기
  - 전차선 단전 또는 사고차단 후 MCB 재투입을 방지하는 계전기

〈I. Reset불능시〉
- MCBCOR(MCB Cut Out Relay): MCB 개방계전기
  - Reset불능 시, 고장 2회 이상 발생시 VCOS취급하면 고장 차량 완전개방

〈II. 사고 발생시〉
- MCBOR(MCB Open Relay: 주차단기개방 계전기)
  - 사고차단 발생시 차량개방스위치(VCOS)취급하면 여자
  - 여자 후 해당 차량의 MCB 투입을 제한하여 주회로 기기 보호
- MCBOR1(MCB Open Relay: 주차단기 개방계전기1)
  - 컨버터에 2500A이상 과전류 시 GCU에 의하여 MCBOR이 동작되고 MCBOR1이 여자
- MCBOR2(MCB Open Relay: 주차단기 개방계전기2)
  - MT 1차측 120A이상 과전류 시 CT1의 1차 측에서 검지 20:1로 변류 → 2차측에 6A 이상되면 ACOCR 동작하여 MCBOR2여자로 MCB사고차단한다.
- MCB-T 코일(MCB Trip Coil): MCB차단코일

[학습코너] MCB투입조건

MCB 투입조건
① 직류모선(103선) 가압 및 운전실 선택 회로 구성
② 공기압력 확보(ACM 충기)
③ 전차선 전원 공급 및 Pan 상승: CIIL 소등
④ EPanDS 정상위치 및 EGCS 정상위치(AC구간)
⑤ ADS 위치와 전차선 전압 일치
⑥ 관계 차단기 정상: MCN, HCRN, MCBN1,2 ADAN(ADDN), MTOMN

예제 다음 중 MCB 투입조건과 가장 거리가 먼 것은?

가. ACM Lamp 소등　　　　　　　나. CIIL 점등
다. 운전실 선택회로 구성　　　　　라. ADS 정위치

해설 'MCB 투입 조건: CIIL 소등'이 맞다.

예제 다음 중 교류구간에서 주차단기 투입 순간 전차선 단전이 발생하는 경우 동작하는 기기는?

가. DCArr

나. ACArr

다. ADCg

라. EGS

해설 ACArr 동작한 경우 주차단기 투입 순간 재차 전차선 단전 현상이 발생한다.

예제 다음 중 일정한 압력공기가 형성된 조건에서 주차단기를 투입시키는 역할을 하는 기기는?

가. PanPS

나. BCPS

다. MRPS

라. PBPS

해설 팬터그래프 압력스위치인 PanPS는 일정한 압력공기가 형성된 조건에서 주차단기(MCB)를 투입시키는 역할을 하는 기기이다.

예제 다음 중 4호선 VVVF 전기동차의 MCB 투입 후 ACMK 자기유지회로를 차단하는 기기는?

가. AMAR

나. MCBR2

다. MCBR1

라. ACM-G

해설 4호선 VVVF 전기동차 MCB 투입 후 ACMK 자기유지회로를 차단하는 기기는 AMAR
ACMK(Auxiliary Compressor Motor Contactor): 보조 공기 압축기 접촉기

예제 다음 중 4호선 VVVF 전기동차가 직류구간에서 인버터접촉기계전기(IVKR)의
접점불량으로 MCB 차단불능 시 무가압 구간에서 MCB가 차단되도록 하는 기기는?

가. HB2

나. ADCm

다. DCVRTR

라. MCBN2

해설 DCVRTR(직류전압 시한계전기): 인버터접촉기계전기(IVKR)의 접점불량으로 MCB(주차단기)
차단불능 시 무가압 구간에서 MCB를 차단시킨다.

1. MCB정상차단
   (1) MCBOS취급시: MCBHR차단코일 여자로 MCBR1무여자
   (2) EpanDS, PanDS: 109선 가압에 의한 MCBHR차단코일 여자로 MCBR1 무여자
   (3) ADS절환 시: 7,8선 무가압으로 MCBR1 무여자
   (4) ADAN, ADDN차단 시: 해당차량의 MCBR1 무여자

2. MCB 사고 차단
   - MCBOR 2 관련하여 총 6개 종류
   - MCBOR, GR, AGR, AFR, MTOMR, ArrOCR
   〈MCBOR1,2 소자 → 사고차단 조건〉
   - MCBOR 1: Converter 2500A 과전류(1개의 조건)
   - MCBOR 2: ACOCR, GR, AGR…RESET 가능 AFR, MTOMR, ArrOCR(여러 개의 조건)

예제 다음 중 4호선 VVVF 전기동차 의 MCB 사고 차단 조건에 해당하지 않는 것은?

가. MCBOR2 여자시   나. ArrOCR 여자시

다. MCBOR1 여자시   라. PanPS 소자시

해설 PanPS 소자시는 MCB 사고 차단 조건에 해당하지 않는다.

[MCB 사고차단 조건과 Reset 가능 기기   ]

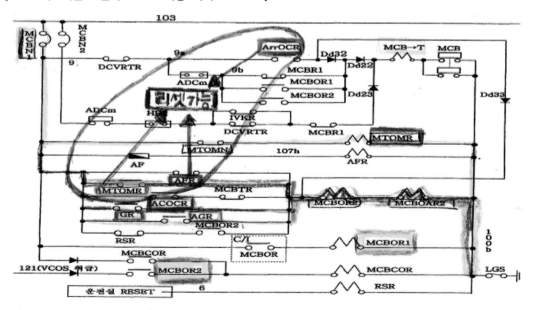

> **[MCB 사고 차단은 어떤 경우에 일어나나?]**
>
> • MCBOR 1:Converter 2500A 과전류 1개
> • MCBOR 2(AGA-MTAR6) 총 6개 ACOCR, GR, AGR, AFR, MTOMR, ArrOCR
> • RESET 가능(AGA): ACOCR, GR, AGR

예제 다음 중 4호선 VVVF 전기동차 교류구간 운행 중 MCB가 사고차단된 경우 운전실의 RESET 스위치 취급으로 복귀가 불가능한 것은?

가. MCBOR1 동작 시   나. GR 동작 시

다. ArrOCR 동작 시   **라. AFR 동작 시**

해설 ACOCR, GR, AGR 동작시는 1차까지 운전실의 RESET 스위치 취급으로 복귀가 가능하며 MTOMR 여자시, AF 용손으로 AFR 소자시 운전실의 RESET 스위치 취급으로 복귀가 불가능하고 AF 교환하거나 MTOMN을 수동으로 복귀하여야 한다.
• AFR: 보조 휴즈 계전기
• AGR: 보조 발전 계전기

예제 다음 중 4호선 VVVF 전기동차로 교류를 수전 받아 운행 중 MT 3차측 과전류 검지 시 동작하여 MCB 차단하는 것은?

가. MCBOR   나. MTOMR

다. ACOCR   **라. AF**

예제 다음 중 4호선 VVVF 전기동차 MCB 사고차단 시 MT 3차 측에 누설전류가 흐를 때 동작하는 것은?

가. AGR   나. GR(접지계전기)

다. ACOCR(교류과전류 계전기)   라. ArrOCR(피뢰기 과전류 계전기)

해설 AGR(Auxiliary Generator Relay: 보조발전기 계전기) 여자 시주변압기 3차 권선 중간 탭과 자체 사이의 연결 누설 전기 검지하여 MCBOR2를 여자하여 MCB를 사고차단한다.

[MCB 사고차단 조건과 Reset 가능 기기]

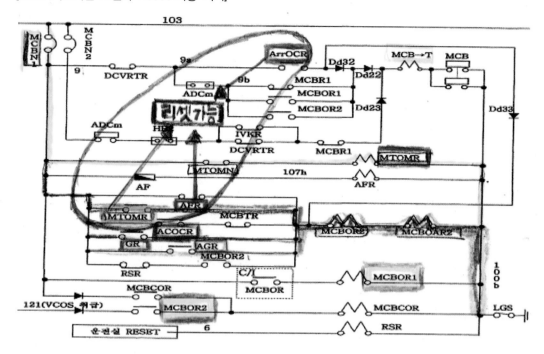

예제 다음 중 4호선 VVVF 전기동차 MCB사고차단 중 MCBOR1이 여자되는 경우로 맞는 것은?

가. 컨버터 과전류 발생 시

나. 전차선 과전류 발생 시

다. MT 과전류 발생 시

라. SIV 과전류 발생 시

해설 MCB사고차단 중 MCBOR1이 여자되는 경우 컨버터 과전류 발생 시이다.

예제 다음 중 4호선 VVVF 전기동차의 MCB 사고차단 조건이 아닌 것은?

가. MCBOR2 여자 시

나. MCBOR1 여자 시

다. 가선 단전 시

라. GR 동작 시

해설 가선 단전 시는 MCB 사고차단 조건이 아니다.

예제 다음 중 4호선 VVVF 전기동차의 MCB 사고차단 조건에 해당하지 않는 것은?

가. AF 용손 시 나. MTOMN 차단 시

다. GR 동작 시 **라. MTBMN 차단 시**

해설 MTBMN 차단 시 는 MCB 사고차단 조건이 아니다.

예제 다음 중 4호선 VVVF 전기동차의 VCOS 취급 시 현상이 아닌 것은?

가. MCBCOR 여자 나. THFL 소등

다. MCBOR1 여자 라. VCOL 점등

해설 MCBOR1:컨버터에 2500A이상 과전류 시 GCU에 의하여 MCBOR이 동작되고 MCBOR 연동으로 MCBOR이 여자된다.
- VCOS(Vehicle Cut-Out Switch): 고장차량 차단스위치
- MCBOR(MCB Open Relay): 주차단기 개방 계전기

예제 다음 중 4호선 VVVF 전기동차의 VCOS 취급 후 고장원인 소멸로 MCB를 재투입하기 위하여 취급하는 것은?

가. MCBN2 나. MCBCS

다. RESET **라. MCBN1**

해설 VCOS 취급 후 고장원인 소멸로 MCB를 재투입하기 위하여 취급하는 것은 MCBN1이다.

예제 다음 중 4호선 VVVF 전기동차의 VCOS 취급 시 MCBCOR이 여자되는 경우로 틀린 것은?

가. MCBOR 여자 시 나. GR 여자 시

다. MTOMR 여자 시 라. ACOCR 여자 시

해설 VCOS 취급 시 MCBCOR이 여자되는 경우는 GR 여자 시, MTOMR 여자 시, ACOCR 여자 시이다.

예제 다음 중 4호선 VVVF 전기동차가 교류구간을 운행 중 MCB 사고차단으로 VCOS 취급 시 MCB 재투입을 방지하는 계전기로 맞는 것은?

가. MCBR2　　　　　　　　　　　나. VCOR

다. **MCBCOR**　　　　　　　　　　라. CCOSR

해설 MCB 사고 차단으로 VCOS 취급 시 MCBCOR이 동작되어 MCB 재투입을 방지한다.

예제 다음 중 4호선 전기동차를 운행 중 MCB가 차단된 경우 1차 RESET 취급하지 않고 바로 VCOS를 취급 시기로 맞는 것은?

가. **MTOMR 동작 시**　　　　　　　나. ACOCR 동작 시

다. AGR 동작 시　　　　　　　　　라. GR 동작 시

해설 MTOMR 동작 시는 오일모터고장이므로 고장원인을 찾아 수리하는 등 조치를 해야 하므로 RESET와 관련이 없다.

예제 다음 중 4호선 VVVF전동차의 MCBOR2 여자조건이 아닌 것은?

가. ACOCR, GR, AGR 동작 시　　　나. **OPR 여자 시**

다. MTOMR 여자 시　　　　　　　라. AFR 소자 시

해설 OPR은 C/I 고장 시 여자

예제 다음 중 4호선 VVVF 전기동차 운행 중 MT 3차 측에 과전류 검지 시 나타나는 현상과 조치로 틀린 것은?

가. AFR 소자로 해당 MCB 차단　　나. **1차 RESET 취급**

다. AF 교환 불능 시 VCOS 취급　　라. MCBOR2 여자

해설 MT 3차측과 '1차 RESET 취급'은 관련이 없다.

예제 다음 4호선 VVF전기동차의 운행 중 고장발생 시 고장처치 및 현상으로 맞는것은?

가. MT 3차측 과전류 발생으로 VCOS 취급 상태에서 교직절연구간을 정상적으로 통과하면 직류구간에서도 ASF는 점등을 유지하며 고장차량은 개방된 상태이다.

나. MTOMR동작 시 MTOMN을 복귀하면 THFL과 해당차량 차측등이 소등된다.

다. MCB사고차단으로 VCOS 취급 상태에서 고장원인이 소멸된 경우에는 MCBN1을 차단 후 복귀한 다음 MCB를 재투입하여야 한다.

라. MT 2차측에 과전류 검지시 VCOS를 취급하면 MCBCOR이 동작하여 고장 차량이 개방된다.

해설 MCB 사고차단으로 VCOS취급 상태에서 고장원인이 소멸된 경우에는 MCBN1을 차단 후 복귀하여야 MCBCOR이 소자되어 MCB 재투입이 가능해진다.

예제 다음 4호선 VVF전기동차의 MCB 기계적 고장으로 직류모진 사고 시 현상 및 조치사항으로 틀린 것은?

가. 고장차량과 관련된 SIV "OFF", CM "OFF"

나. 고장차량 주휴즈(MF)단락

다. 1, 4, 8호차는 연장급전

라. ADS절환 시 TGIS화면에 정상차량 MCB "ON"현시

해설 ADS절환 시 TGIS화면에 정상차량 MCB "OFF" 고장차량 MCB "ON"된다.

예제 다음 4호선 VVF전기동차의 교류구간에서 MCBN1 트립 시 현상 및 조치사항으로 틀린 것은?

가. 교직절연구간 운전 시는 즉시 EPanDS 취급 조치

나. 교직절연구간 운전 시 MCB MCB 'OFF'표시

다. TGIS화면에 SIV "OFF" 표시

라. 1, 4, 8호차인 경우 해당차량(0, 5, 9) SIV 정지

해설 교류구간에서 MCBN1 트립 시 교직절연구간 운전 시에는 MCB 'ON' 표시된다.

예제 다음 중 4호선 VVVF전기동차 MCB 사고 차단 후 Reset 취급 대상이 아닌 것은?

가. GR 동작 시

나. ACOCR 동작 시

다. MTOMR 동작 시

라. AGR 동작 시

해설 고장차량을 확인 후 Reset 취급이 가능한 계전기는 ACOCR, AGR, GR이다.

2. C/I 고장 시 (OPR 동작 시)

조치 23 **C/I 고장 시 (OPR 동작 시)**(OPR관련 고장 외우기!)

※ OPR(Open Phase Relay: 결상계전기)

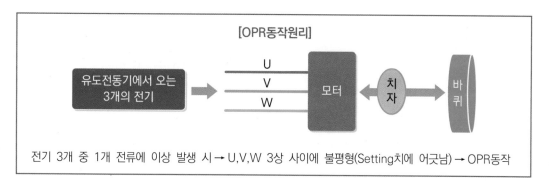

[C/I 고장 시(OPR 동작 시)현상]

① THFL 및 해당 차량 차측등(ASiLP) 점등

② TGIS화면에 'C/I 고장' 현시

③ 해당 차량 HB1,2 차단 또는 K1, K2 차단

[C/I 고장 시 (OPR 동작 시)원인]

① 교류구간 운행 중 주변압기 2차측(Converter) 2,200A 이상 과전류 검지 시(2,500A보다 예민)

② 직류구간 운행 중 주회로(HB1, HB2)에 1,200A 이상 과전류 검지

③ 주전동기 회로에 2,200A 이상 과전류 검지 시(주전동기: 유도전동기(Induction Motor))

④ 주전동기 회로 상전류 불평형 검지 시(3상 전동기의 전압 변화)

⑤ 제어전원 저전압 시(70V)(직류 12V배터리×7개＝84가 보통 전압이므로 70V는 저전압)

⑥ CF(Filter Capacitator) 충전 불량 시(TGIS에 "C/I충전회로 고장" 현시)

[C/I 고장 시 (OPR 동작 시) 조치]

① TGIS화면 또는 차측등으로 고장 확인

② 1차 Reset취급(THFL 및 차측등(ASiLP) 소등)

③ 재차 동작 시 VCOS취급 후 Reset취급(THFL 및 차측등(ASiLP) 소등, VCOL점등)

④ 4/5출역으로 잔여 운전(고압보조회로(SIV)는 정상)

[C/I 고장 시 (OPR 동작 시)]

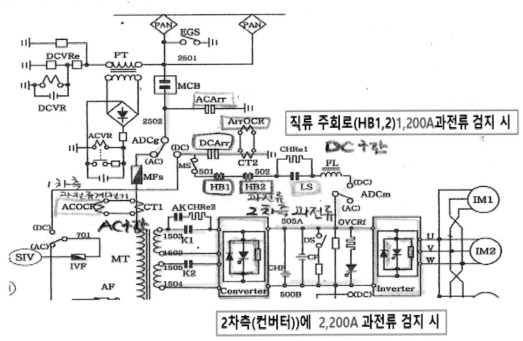

[학습코너] OPR(Open Relay: 개방 계전기) 여자되는 경우

가. 교류구간에서 MCB가 사고 차단될 경우
  1. 교류구간: K1,2가 차단되는 보호회로 동작 시
  2. 직류구간: HB1,2가 차단되는 보호회로 동작 시
    – GCU지령에 의해 OPR이 여자된다.

나. OPR이 여자된 후의 작용
  1. TGIS 회로개방 지령 출력
  2. 운전실에 「중 고장 표시등(THFL)」 점
  3. 차량개방에 대비 CCOSR 여자회로 구성
※ CCOSR: C/I Cut out Switch Relay

[GCU(게이트제어유니트) 내의 OPR]

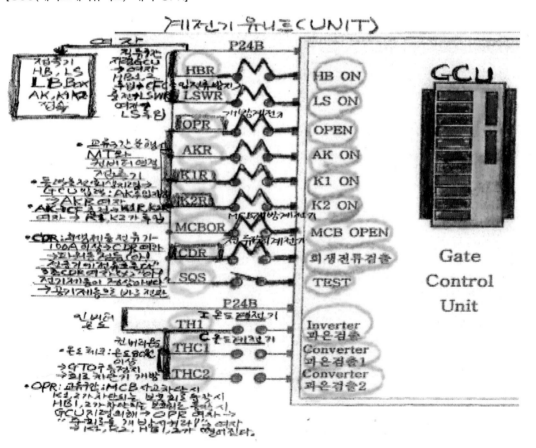

예제 다음 중 4호선 VVF전기동차의 OPR 동작 원인이 아닌 것은?

가. GCU제어 전압 저하 시 동작한다.

나. 직류구간 운행 중 HB1, HB2 사고 차단 시 동작한다.

다. 교류구간 운행 중 K1,2 차단되는 보호회로 동작 시 동작한다.

라. CF양단의 전압이 2,200V 이상 과전압 시

해설 CF양단의 전압이 2,200V 이상 과전압 시 동작하는 기기는 OVCRf이다.

[OPR(Open Relay: 개방 계전기) 여자되는 경우]
- GCU제어 전압 저하 시 동작한다.
- 직류구가 운행 중 HB1, HB2 사고 차단 시 동작한다.
- 교류구간 운행 중 K1,2 차단되는 보호회로 동작 시 동작한다.

예제 다음 중 4호선 VVF전기동차의 OPR(개방계전기)에 관한 설명으로 틀린 것은?

가. LB Box에 설치되어 있다.

나. 직류구간 운행 중 HB1, HB2가 교류구간 운행 중 K1,2 차단되는 보호회로 동작 시 OPR이 여자된다.

다. VCOS취급 시 CCOSR이 여자되어 운전지령이 차단된다.

라. OPR여자 시 전부운전실에 중고장표시등(THFL)이 점등된다.

해설 OPR은 GCU(게이트제어유니트) 내에 설치되어 있다. OPR여자와 중고장표시등은 관련이 없다.

예제 다음 중 4호선 VVF전기동차의 C/I 고장의 원인으로 틀린 것은?

가. AC구간 운행 중 MT 2차 측에 2,200A 과전류 검출 시

나. 직류구간 운행 중 주회로(HB1, HB2)에 2,400A 이상 과전류 검지

다. 주전동기 회로에 2,200A 이상 과전류 검지 시

라. CF 충전 불량 시

해설 직류구간 운행 중 주회로(HB1, HB2)에 1,200A 이상 과전류 검지

[원인]
① 교류구간 운행 중 주변압기 2차측(Converter) 2,200A 이상 과전류 검지 시
② 직류구간 운행 중 주회로(HB1, HB2)에 1,200A 이상 과전류 검지

③ 주전동기 회로에 2,200A 이상 과전류 검지 시(주전동기: 유도전동기(Induction Motor))
④ 주전동기 회로 상전류 불평형 검지 시(3상 전동기의 전압 변화)
⑤ 제어전원 저전압 시(70V)(직류 12V배터리 x 7개=84가 보통 전압이므로 70V는 저전압)
⑥ CF(Filter Capacitator) 충전 불량 시(TGIS에 "C/I충전회로 고장" 현시)

예제 다음 중 4호선 VVVF전기동차의 C/I 고장의 원인으로 틀린 것은?

가. 주전동기 회로에 2,200A 이상 과전류 검지 시

나. 직류구간 운행 중 주회로(HB1, HB2)에 1,200A 이상 과전류 검지

다. 제어전원 저전압 시

라. 주전동기 회로 상전압 불평형 검지 시

해설 주전동기 회로 상전류 불평형 검지 시 C/I가 고장난다.

예제 다음 중 4호선 VVF전기동차의 C/I 고장의 원인으로 틀린 것은?

가. 주전동기 회로 상전류 불평형 검지 시

나. 직류구간 운행 중 주회로(HB1, HB2)에 1,200A 이상 과전류 검지

다. 제어전원 저전압 시

라. 교류구간 운행 중 주변압기 1차측(Converter) 2,200A 이상 과전류 검지 시

해설 교류구간 운행 중 주변압기 2차측(Converter) 2,200A 이상 과전류 검지 시 C/I 고장이 발생된다.

예제 다음 4호선 VVF전기동차의 고장표시등(THFL)이 점등되지 않는 경우는?

가. OVCRf 동작 시

나. GR 동작 시

다. OPR 소자 시

라. 교류구간운행 중 MT2차측에 2,500A 이상 과전류가 흐를 때

해설 OPR 여자 시에 고장표시등(THFL)이 점등된다.

예제 다음 중 4호선 VVF전기동차 고장표시등 회로의 설명으로 틀린 것은?

가. 전동기 각 상간 전류 300A 이상 불평형 시 OPR여자된다.

나. MTOMR여자 시 MCBOR2가 여자된다.

다. AC구간 운행 중 MT 2차 측에 2,200A 과전류 검출 시 OPR여자된다.

라. AC구간 운행 중 2차측에서 MT2차 측에 2,200A 과전류 검출 시 MCBOR1이 여자된다.

해설 AC구간 운행 중 2차측에서 MT2차 측에 2,200A 과전류 검출 시 OPR여자된다.

제11장

ADS 미절환으로 직류·교류 모진 사고 시·MCB 기계적 고장으로 직류·교류 모진 시

제11장

ADS 미절환으로 직류·교류 모진 사고 시·MCB 기계적 고장으로 직류·교류 모진 시

1. ADS 미절환으로 직류·모진 사고 시

조치 24 ADS 미절환으로 직류(DC)모진 사고 시

1) ADS 미절환으로 직류·모진 사고 시

[모진보호]

전차선 전원과 다르게 특고압 회로를 구성함에 따른 특고압 기기 손상 방지 및 보호

I) 1차 보호

1차적으로는 ACVRTR 또는 DCVRTR 소자를 통해 MCB차단으로 막는다.

① 절연구간에서 MCB를 자동차단

② 절연구간에서 ADS를 조작하지 않고 진입 시: MCB 자동차단 회로 구성

③ ACVRTR 또는 DCVRTR 소자(전기가 통하지 않는 절연구간에는 작동하지 않으므로)로
   MCBR1 소자 → MCB－T여자 → MCB 차단

[직류구간에서 교류구간 진입 시 1차 보호]

직류구간에서 교류구간 진입 절환조작

직류구간	절연구간	교류구간
타행표지, 역행핸들 OFF	DCVR 무여자	ACVR 여자
교직절환스위치(DC → AC)절환	DCVRTR 무여자	ACVRTR 여자
8선 무가압(7선 가압)		MCBR1 여자 교류전압 가압순서대로 MCB투입(순차투입)
MCBR1, MCBR2 무여자		전차량 MCB 투입확인 (MCB ON 등 점등확인)
전 편성 주차단기(MCB)차단 MCB OFF등 점등(일제차단)		역행표지에서 역행운전
교직절환기(ADCg) 교류측으로 절환		

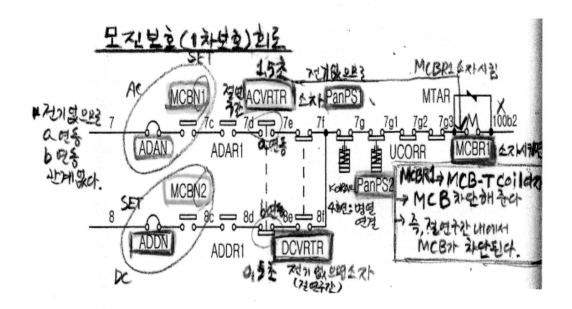

2) 2차 보호

1차 보호, 즉 ACVR, DCVR만가지고 완벽한 보호가 되지는 않는다. 1차 보호에 의해서 막지 못하는 경우(MCB고착 등) 2차 보호 장치인 직류모진, 교류모진에 의해 보호한다.

① 전차선 전원과 다르게 특고압 회로를 구성함에 따른 특고압 기기 손상 방지 및 보호

② 원인: MCB기계적 고착(MCB진공상태에서 오래되어 역할을 다하지 못하니까 붙어버린다.)

③ MCB 차단 제어가 이루어져도 특고압회로는 통전상태이므로 모진 발생

　　－직류모진: 교류측 구성 → 직류구간 진입 → 주 휴즈(MFs)용손으로 보호

　　－교류모진: 직류측 구성 → 교류구간 진입 → DCArr 통전 → ArrOCR 동작, 전차선 단전

[직류모진과 교류모진]

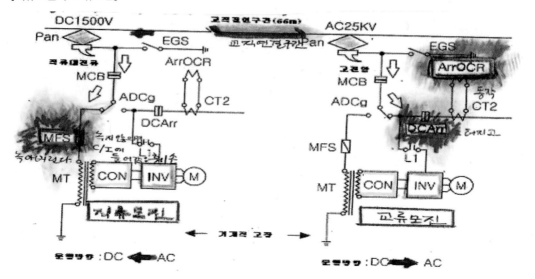

[학습코너] 모진보호

원인: MCB 절연 불량(절연파괴)((MCB진공상태에서 오래되어 역할을 다하지 못하니까 MCB내부 기기끼리 떨어져야 하는데 서로 연결(통)해버린 것이다. 즉, 떨어져야 하는데 전기가 통한다.)
MCB 차단제어가 이루어져도 특고압회로는 통전상태이므로 모진발생
• 직류모진: 교류측 구성 → 직류구간 진입 → 주 휴즈(MFs)용손으로 보호
• 교류모진: 직류측 구성 → 교류구간 진입 → DCArr 통전 → ArrOCR 동작, 전차선 단전
※ 단전 시는 즉시 Epands취급으로 단전방지 발생 방지 및 MCB불량확인 시 완전부동취급 및 연장급선 시행

[교류구간에서 직류구간 진입 시 운행도]

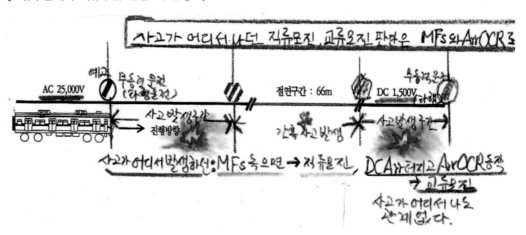

[ADS 미절환으로 직류모진 사고 시 원인]

① ACVRTR 연동 접점 불량 시

② MCBR1 접점 불량 시

[ADS 미절환으로 직류모진 사고 시 현상]

① 절연구간에서 TGIS 화면에 고장 차량 MCB "ON"

② AC구간 진입 시 해당 차량 DCArr동작으로 MCB차단(해당 차량에서 폭음발생(ArrOCR))

③ TGIS화면에 "교류모진" 현시

※ 폭음 방지위해서는 MCB차단

※ EPanDS취급: MFs 용손되지 않고 DCArr동작하지 않는다.

예제 다음 중 모진 시의 원인, 현상, 조치에 대해 옳지 않은 설명은?

가. 직류모진 시의 현상은 고장차량 DCArr가 동작한다.

나. 교류모진 시의 조치는 고장차량 완전부동취급 후 Pan 상승한다.

다. 직류모진 시의 원인은 교류구간에서 직류구간으로 진입 시 MCB기계적 고장으로 일부 차량의 MCB가 차단되지 않은 상태로 직류구간 진입 시 나타난다.

라. 직류모진 시의 현상은 고장 차량 주휴즈(MFs)가 용손된다.

해설 교류모진 시의 현상은 고장차량 DCArr가 동작한다.

2) ADS 미절환으로 교류(AC)모진 사고 시

조치 25 ADS 미절환으로 교류(AC)모진 사고 시

[ADS 미절환으로 교류모진 사고 시 원인]

DCVRTR 연동 접점 불량 시

[ADS 미절환으로 교류모진 사고 시 현상]

① 절연구간에서 TGIS MCB "ON"

② AC구간 진입 시 해당 차량 DCArr 동작으로 MCB차단(해당 차량에서 폭음 발생)

③ TGIS화면에 "교류모진"현시

[ADS 미절환으로 교류모진 사고 시 조치]

① ADS (DC → AC)

② 해당 차량 완전부동취급 후 4/5출력으로 운행

예제 다음 중 교류모진 시 현상 및 조치에 대해 옳지 않은 설명은?

가. MCB ON등, Fault등, 차측적색등 점등

나. 모니터에 "교류(AC)과전류 1차" 현시

다. 해당 차량 완전부동취급, 연장급전 후 전도운전

라. DCArr방전으로 전차선 단전, AC등 소등

해설 MCB OFF등, Fault등, 차측백색등 점등

[교류모진 시 현상 및 조치]

(현상)

① DCArr방전으로 전차선 단전, AC등 소등

② MCB OFF등, Fault등, 차측백색등 점등

③ 모니터에 "교류(AC)과전류 1차" 현시

(조치)

① 즉시 EPanDS 취급

② 최근정거장 도착 후 EPanDS복귀

③ 해당차 완전부동취급, 연장급전 후 전도운전

예제 다음 중 모진에 대해 옳지 않는 설명은?

가. Epans를 취급하면 AC → DC 구간 진입 시에는 절연구간 통과시에 ACVR소자로 MCB차단과 동시에 Pan을 하강한다.

나. 교직절연구간에서 ADS절환 후 MCB차단 불능 시에는 직류모진 또는 교류모진이 발생된다.

다. 교류모진 시 ArrOCR이 용착되어 단전 현상이 발생되면 해당 차량은 완전부동 취급하고 연장급전한다.

라. 직류모진으로 MFs의 적색 표시가 30mm 돌출하였으나 직류구간은 정상 운행이 가능하다.

해설 교류모진 시 DCArr이 용착되어 단전 현상이 발생되면 해당 차량은 완전부동 취급하고 연장급전한다.

2. MCB 기계적 고장으로 직류·교류 모진 사고 시

조치 26 MCB 기계적 고장으로 직류(DC)모진 사고 시 (MFs용손)

1) MCB 기계적 고장으로 직류(DC)모진 사고 시

[MCB 기계적 고장으로 직류모진 사고 시 (MFs용손) 원인]

'교류 → 직류' 절연구간 진입 시 MCB 기계적 고장(MCB 기기 내가 붙어버렸다) 일부 차량 MCB차단 되지 않은 상태로 직류구간 진입 시

[직류모진과 교류모진]

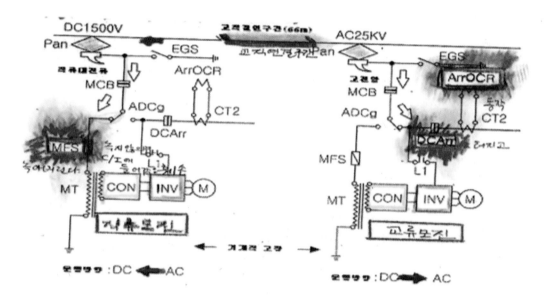

[MFs의 용손]

MFs(Main Fuse:주휴즈)
① 주휴즈(MF)SMS M'차 지붕에 설치되어
② 주변압기(MT)1차측에 큰 전류가 흘러 들어 올 경우
③ 용손되어 주변압기를 보호하기 위한 목적으로 설치되어 있다.
④ 주휴즈가 용손되면 적색 단추가 약 30mm 가량 튀어 나오므로 쉽게 판별할 수 있다.

[MCB 기계적 고장으로 직류모진 사고 시 (MFs용손)현상]

① ADS절환 시(타행 운전 시(절연구간 150m−200m전방)) TGIS 화면에 정상 차량 MCB "OFF" 고장 차량 MCB "ON" (ACVRTR, DCVRTR이 절연구간에서 소자되므로 이들이 작동하는 한 "ON"이라도 그대로 운행하면 된다.)(원래는 MCB가 "OFF"되어야 하는데 "ON"이 나타나면 EPanDS를 취급했어야 했다.)

② 고장 차량 주휴즈(MFs) 단락(적색단추 30mm 돌출)

③ 고장 차량과 관련한 SIV "OFF", CM "OFF" 현시 (SIV "OFF" 3초 후 CM가동하므로 당연히 "OFF")

※ 1차측에 있는 MFs가 녹아버리니 SIV, CM 모두 작동이 안 될 수밖에 없다.

※ SIV에 해당하는 퓨즈: AFs

※ 교류구간 퓨즈: AF

※ 직류구간 퓨즈: IVF

[SIV회로의 교류, 직류 구간 퓨즈(Fuse)]

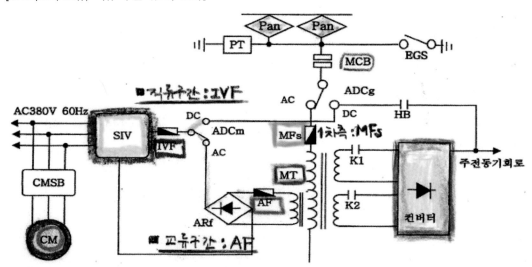

[MCB 기계적 고장으로 직류모진 사고 시 (MFs용손) 조치]

① 해당 차량 완전부동취급

② 1, 4, 8호차(고장)는 연장급전

③ 4/5출력으로 운행

2) MCB 기계적 고장으로 교류모진 사고 시

조치 27 MCB 기계적 고장으로 교류(AC)모진 사고 시

[MCB 기계적 고장으로 교류(AC)모진 사고 시 원인]

'직류→교류' 절연구간 진입 시 MCB 기계적인 고장으로 일부차량 MCB 차단 안 된 상태로 교류구간 진입 시

[직류모진과 교류모진]

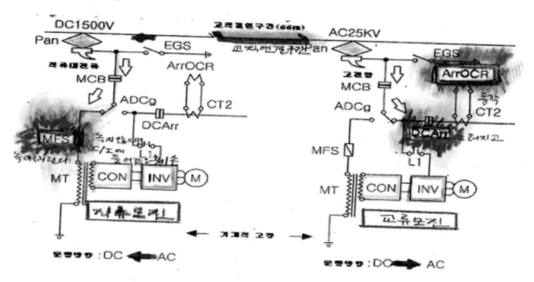

[MCB 기계적 고장으로 교류(AC)모진 사고 시 현상]

① ADS절환 시 TGIS 화면에 정상 차량 MCB "OFF" 고장 차량MCB "ON"현시(이미 절연
   구간 넘어 온 상태)

② 고장 차량 DCArr동작으로 전차선 단전(해당 차량에서 폭음 발생) 이어서 ArrOCR동작
   → MCVB차단

③ TGIS화면에 "교류모진" 현시

④ THFL및 고장 차량 ASiLP 점등

[MCB 기계적 고장으로 교류(AC)모진 사고 시 조치]

① 즉시 Pan하강

② 정차 후 고장 차량 완전부동취급 후 Pan 상승

③ MCBOS취급 후 MCBCS취급하여 MCB 재투입

④ 4/5 출력으로 잔여 운전

⑤ 1, 4, 8호차는 연장급전

※ DCArr 동작 시 ArrOCR이 동작하여 MCB를 사고 차단하나, MCB 기계적 고착인 경우에는 차단되지 않으므로 변전소의 고속도차단기(HSCB)가 차단되어 전차선이 단전된다.

예제 다음 중 4호선VVVF전기동차 MCB 기계적 고착으로 인한 교류모진 사고 시 조치로 옳지 않은 것은?

가. 즉시 Pan하강

나. 정차 후 고장 차량 완전부동취급 후 Pan 상승

다. MCBOS취급 후 MCBCS취급하여 MCB 재투입

라. MCB 기계적 고착인 경우에는 차단되지 않으므로 MCBOS – RS – 3초 후 MCBCS 취급한다.

해설 MCB 기계적 고착인 경우에는 차단되지 않으므로 변전소의 고속도차단기(HSCB)가 차단되어 전차선이 단전된다.

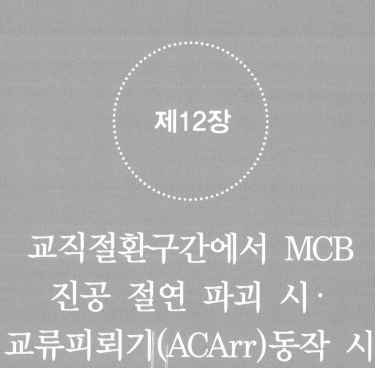

제12장

교직절환구간에서 MCB 진공 절연 파괴 시·교류피뢰기(ACArr)동작 시

제12장

교직절환구간에서 MCB 진공 절연 파괴
시 · 교류피뢰기(ACArr)동작 시

1. 교직절환구간에서 MCB 진공 절연 파괴 시

조치 28 교직절환구간에서 MCB 진공 절연 파괴 시

[교직절환구간에서 MCB 진공 절연 파괴 시 현상]
① 교류구간에서 ADS '교류 → 직류' 절환 시 전차선 단전
② 직류구간에서 ADS '직류 → 교류' 절환 시 주휴즈 용손(단락)

[교직절환구간에서 MCB 진공 절연 파괴 시]

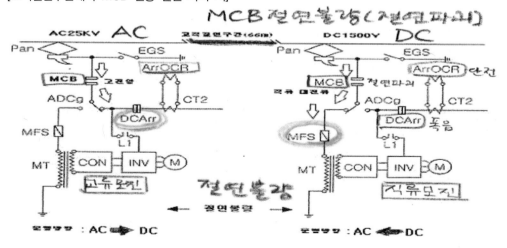

[교직절환구간에서 MCB 진공 절연 파괴 시 원인]

MCB 진공 파괴로 절연내력 저하

[교직절환구간에서 MCB 진공 절연 파괴 시 조치]

① 해당 차량 완전 부동 취급

② 1, 4, 8호차는 연장급전

③ 4/5출력으로 잔여 운전

예제 다음 중 VVVF전기동차가 교직절연구간에서 MCB진공파괴 시 조치 사항이 아닌 것은?

가. 해당 차량 완전 부동 취급   나. 1, 4, 8호차는 연장급전
다. 4/5출력으로 잔여 운전   **라. 해당 차량 HCRN 차단 여부 확인**

해설 해당 차량 HCRN 차단 여부는 정답에 해당되지 않는다.

예제 다음 중 VVVF전기동차가 교류구간에서 직류구간으로 운행 중 후부 Pan이 교직절연구간에
내에 정차 시 현상이 아닌 것은?

가. MCB 양소등   나. 직류전차선 전원표시등(DVC) 점등
다. SIV등 점등   **라. 교류전차선 전원표시등(AVC) 점등**

해설 교류전차선 전원표시등(AVC) 점등은 후부 Pan이 교직절연구간에내에 정차 시 현상에 해당되지 않는다.

2. 교류피뢰기(ACArr)동작 시

조치 29 **교류피뢰기(ACArr)동작 시**

[교류피뢰기(ACArr)동작 시 현상]

① 전차선 단전(CIIL점등)

② 해당 M차 지붕에서 폭음 발생

③ 급전 후 MCB 재투입 시 재차 전차선 단전 및 폭음 발생

[교류피뢰기(ACArr)동작 시 원인]

교류구간 운전 중 낙뢰 등 외부 서지(Surge)전압 유입으로 ACArr 방전 시

[교류피뢰기(ACArr)동작 시 조치]

① 고장 차량 확인

② 해당 차량 완전 부동 취급

③ 1, 4, 8차는 연장급전

④ MCB 재투입

⑤ 4/5출력으로 잔여 운전

※ 고장 차량 확인이 용이하지 않을 경우 Pan 하강 후 차례로 상승하고 MCB를 재투입하여 고장차량을 식별한다.

[교류피뢰기(ACArr)]

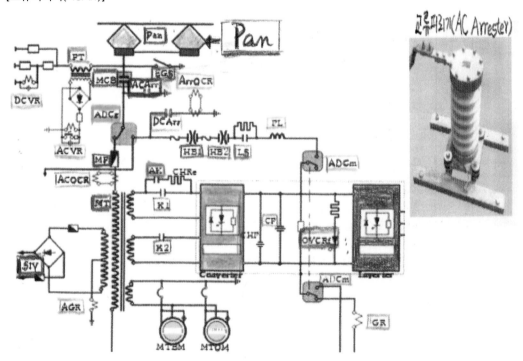

예제 4호선 VVVF전동차 교류피뢰기(ACArr) 동작 시 현상 및 조치사항이 아닌 것은?

가. 급전 후 MCB 재투입 시 재차 전차선 단전 및 폭음 발생

나. 해당 차량 완전 부동 취급

다. 1, 4, 8차는 연장급전

라. 전차선 단전으로 ASiLP 점등

해설 교류피뢰기(ACArr) 동작 시 전차선 단전으로 CIIL점등된다.

[현상]
① 전차선 단전(CIIL점등)
② 해당 M차 지붕에서 폭음 발생
③ 급전 후 MCB 재투입 시 재차 전차선 단전 및 폭음 발생

[조치]
① 고장 차량 확인
② 해당 차량 완전 부동 취급
③ 1, 4, 8차는 연장급전
④ MCB 재투입
⑤ 4/5출력으로 잔여 운전

예제 4호선 VVVF전동차 직류피뢰기(DCArr) 용착 시 현상이 아닌 것은?

가. 해당차 ArrOCR을 여자하여 MCB 사고 차단현상

나. 폭음과 함께 전차선 단전 현상

다. TGIS 화면에 "교류모진"표시

라. 운전실 제어대 THFL, CIIL 표시등 소등

해설 운전실 제어대 THFL, CIIL 표시등 점등
[DCArr용착 시 현상]
① 운전실 제어대 THFL, CIIL 표시등 점등
② TGIS 화면에 "교류모진"표시
③ 폭음과 함께 전차선 단전 현상
④ 해당차 ArrOCR 을 여자하여MCB 사고 차단현상

제13장

MTBMN차단 시 · MT유온 상승 ·
FLBMN 차단 시 · FL온도 상승 ·
MR압력 저하 시

MTBMN차단 시·MT유온 상승·FLBMN 차단 시·FL온도 상승·MR압력 저하 시

1. MTBMN차단 시

조치 30 MTBMN차단 시

※ MTBMN(NFB for MT Blow Motor: 주변압기전동송풍회로차단기)

[4차측의 MTBMN]

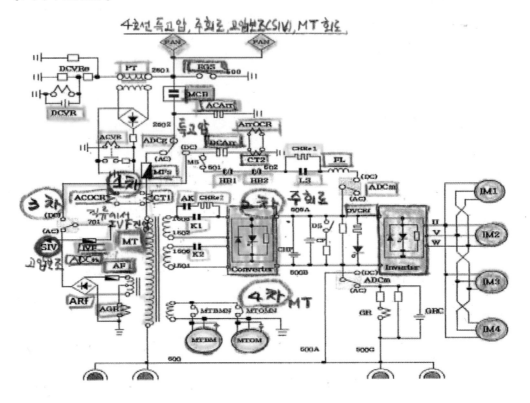

[MTBMN 차단 시 현상]

TGIS 화면에 "MTr 송풍기 NFB 차단" 현시

[MTBMN 차단 시 원인]

MTBMN차단

[MTBMN 차단 시 조치]

① TGIS 화면으로 고장 차량 확인

② M차 분점함 MTBMN 확인, 복귀

③ 재차 단전 시 관계처 통보 후 그대로 운전

직류피뢰기(DCArr)동작 시의 현상 및 원인으로 틀린 것은?

가. 서울교통공사 4호선 VVVF전기동차 운전실 제어대 THFL, CIIL점등된다.

나. 서울교통공사 4호선 VVVF전기동차 직류구간 운행 중 낙뢰 및 서지 전압 돌입 시 동작한다.

다. 철도공사 과천선 VVVF전기동차 MCB차단 불능 상태에서 직류구간 진입 시 동작한다.

라. 철도공사 과천선 VVVF전기동차 직류구간에서 MCB가 차단된다.

철도공사 과천선 VVVF전기동차 MCB차단 불능 상태에서 교류구간 진입 시 동작한다.

2. 주변압기(MT) 유온 상승

조치 31   주변압기(MT) 유온 상승

[주변압기(MT) 유온 상승 현상]

① TGIS 화면에 "MTr 유온 상승"현시

② POWER등 점등 불능

[주변압기(MT) 유온 상승 원인]

MTr 온도 80도 이상 상승 시 MTThRR 동작으로 C/I 개방

[주변압기(MT) 유온 상승 조치]

① TGIS 화면으로 고장 차량 확인

② 4/5 출력으로 그대로 운전

③ 관계처 통보 후 그대로 운전

④ MTr의 온도가 내려가면 자동으로 복귀된다.

3. FLBMN 차단 시

조치 32   FLBMN 차단 시

FLBMN(NFB for Filter Reactor Blower Fan Motor: 리엑터전동송풍기회로차단기)

[FLBMN 차단 시 현상]

① TGIS 화면에 "필터리엑터 송풍기 NFB차단"현시

② POWER등 점등 불능

[FLBMN 차단 시 원인]

FLBMN 차단으로 C/I개방

[FLBMN 차단 시 조치]

① TGIS 화면으로 고장 차량 확인

② M차 분전함 FLBMN 확인, 복귀

③ 재차 단전 시 관계처 통보 후 4/5출력으로 잔여 운전

MTBMN이 FLBMN과 다른 점

- MTBMN에서는 C/I가 개방이 안 된다(개방 라인에 넣지 않았으므로).
- MTBMN에서는 POWER등 점등불능도 없다.

서울교통공사 일산선 전동차의 FLBM

- MTBM(Main Transformer Blow Motor):주변압기 전동 송풍기
- MTBMN(NFB "MTBM"): 주변압기 전동송풍기 회로차단기
- MT(Main Transformer): 주변압기

예제 다음 중 4호선 전기동차 FLBMN차단 시 현상, 원인, 조치에 관한 설명으로 틀린 것은?

가. TGIS 화면에 "필터리엑터 송풍기계전기 소자" 현시

나. FLBMN 차단으로 C/I 개방

다. M차 분전함 FLBMN 확인, 복귀

라. POWER등 점등 불능

해설 'TGIS 화면에 "필터리엑터 송풍기 NFB차단" 현시'가 맞다.

[현상]

① TGIS 화면에 "필터리엑터 송풍기 NFB차단"현시

② POWER등 점등 불능

[원인]

FLBMN 차단으로 C/I개방

[조치]

① TGIS 화면으로 고장 차량 확인

② M차 분전함 FLBMN 확인, 복귀

③ 재차 단전 시 관계처 통보 후 4/5출력으로 잔여 운전

4. 필터리액터(FL) 온도 상승

조치 33 **필터리액터(FL) 온도 상승**

※ FL(Filter Reactor: 필터리액터)

[FL온도 상승 시 현상]

① TGIS 화면에 "필터리엑터 온도 상승"현시

② POWER등 점등 불능

[FL온도 상승 시 원인]

Filter Reactor 온도 130도 이상 상승 시 FLThR 동작으로 C/I 개방

[FL온도 상승 시 조치]

① TGIS 화면으로 고장 차량 확인

② 4/5 출력으로 그대로 운전

③ 관계처 통보 후 그대로 운전

④ 필터리액터의 온도가 내려가면 자동으로 복귀된다.

[4호선 직류구간의 FL]

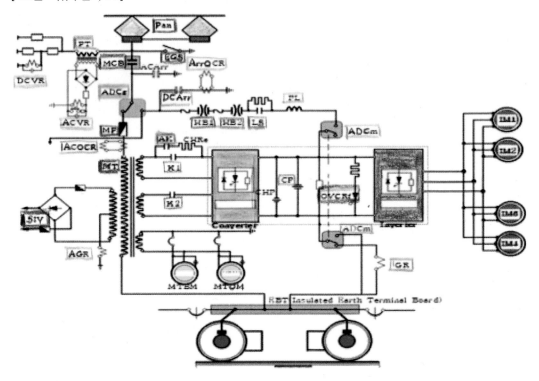

[4호선 직류구간 FL의 기능]

Filter Reactor (필터 리엑터)
- 전동차가 DC 1,500v 가선 전압을 받는 DC구간에서
  운행될 때 입력전압에는 많은 고조파 전압성분(리플
  전압)이 포함되어 있다.
- 필터 리엑터는 고조파 성분(Ripple)을 제거해 준다.

filter reactor
railway.hanrimwon.com

예제 다음 중 4호선 VVVF 전기동차 고장 시 조치에 대한 설명으로 틀린 것은?

가. 필터 리액터 온도 130도 이상 상승 시 FLThR 동작으로 C/I가 개방된다.

나. 필터 리액터 온도 상승 시 4/5출력으로 그대로 운전하다가 온도가 내려가면 그대로 복귀된다.

다. ADS 미절환으로 직류모진 사고원인은 ACVRTR 연동접점 불량 시이다.

라. ADS 미절환으로 교류모진 사고원인은 MCBHR 연동접점 불량 시이다.

해설 ADS 미절환으로 교류모진 사고원인은 MCBR1 연동접점 불량 시이다.

5. MR 압력 저하 시

조치 34 MR 압력 저하 시

◑ MR(Main Reservoir: 주공기관)

◑ MR: 각 차의 앞 뒤에 설치된다.

◑ MR압력: CM에서 만들어진다.

◑ CM: SIV로부터 나온다. SIV구동되고 3초 후 CM이 동작한다.

◑ SR(Supply Reservoir: 공급공기통)

[MR압력 저하 시(MR(Main Reservoir): 주 공기통]

• 좌측BC는 기관사가 제동취급시 제동통에 들어가는 압력의 양 표시(비상제동시 '3kg, 보안제동시 "4kg현시)
  - VN이 가압이 되면 84V유지, VN자체가 떨어지면 '0'현시
  - BC 70V유지하려면 BCHN에서 전기를 공급해야 하는데 BCHN가 문제발생되면 SIV도 정지된다.

• 우측 MR은 주 공기관에 들어가는 압력표시, 평균 8~9kg/cm^{2}압력(빨간 눈금)
  - MR이 8-9kg/cm^{2}압력 보다 낮은 6.5kg/cm^{2}을 표시하면 MRPS(MR압력스위치)동작한다.

※ 기관사는 항상 이 압력계를 보고 운전해야 한다.

[MR 압력 저하 시 현상]

① TGIS "EB(비상제동)"표시 및 BC Bar 비상제동 압력 표시(EBCOS가 MRPS보다 앞에 있

으므로 EBCOS가 MRPS동작을 사전에 방지해 준다)

② BC압력계 3(kg/cm²) 이상 현시 시 및 주공기 압력 6.5(kg/㎠) 이하 현시(MRPS가 동작하면 안전루프회로가 소자(BER, EBR소자)되어 동력운전이 불가능하다. 즉, 이미 "EB(비상제동)"가 걸려 있으므로 동력운전 불가)

③ 동력운전 불능(BER, EBR 무여자)

④ 장시간 방치 시 M차 Pan하강, 출입문 작동불능 및 주차제동 걸림

※ 상용제동, 비상제동, 보안제동, 주차제동이 체결된 상태에서는 동력운전이 불가능하다. (단, 정차제동은 제외)

※ Pan 올리는 입력이 4호선은 4.2kg/cm², KORAIL은 4.1~4.2kg/cm²가 되어야 Pan을 올릴 수 있다(이 밑으로 떨어지면 Pan하강된다). 이 압력수준이 되어야 PanPS가 여자한다.

[MR 압력 저하 시 원인]

① 주공기 압력 누설 시(주공기관 파열, 제습기, 또는 중간 연결기 등에서)

② CM정지 시(2개 이상)

※ CM:0, 5, 9호차에 3개로서 SIV와 항상 같이 다닌다. SIV는 380V를 CM에게 준다.

[MR 압력 저하 시 조치]

① 공기 누설량이 미미할 경우 사령에 통보 EBCOS취급 잔여 운전

② 주공기 압력 5.0kg/cm² 이하 시 관제사에게 통보 EBCOS 취급 잔여 운전

③ 중간연결기 누설 시는 양방향 MR관 차단하고 CM이 1개 쪽인 CMCN 차단 잔여 운전 (CM 동기구동회로 차단)

④ 전, 후부 TC(TC1, TC2)차 주공기관 파열 시는 TC 차와 M차간 주공기관 차단하고, CM 정지시키고(CMN, CMKN OFF) EBCOS 취급하여 회송조치(이때 주차제동이 체결되면 주차제동 수동완해 당김 고리 취급하여 주차제동을 풀고, PBN차단 후 SR콕크 또는 BC1, 2콕크 개방하여 제동 완해 후 전부운전실에서 운전할 수 있다.)

⑤ T2(5호차)의 경우 주공기관 파열 또는 제습기 누설 시는 양쪽 차간 주공기관 차단하고 CM정지(CMN, CMKN OFF) 및 출입문 잠금 후 회송조치한다.

⑥ SIV 정지로 CM정지 시는 SIV고장 조치에 따른다.

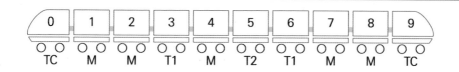

I. TC차 CM에 고장이 생겼다고 하자. TC차이므로 운행에는 지장이 없다.
II. 5호차 CM에 고장이 생겼다고 하자. PBN(주차제동)이 기능하지 못하므로 PAR여자 못 시킨다.
 따라서 동력운전을 하지 못하므로 회송조치해야 한다. 이 경우 PVN을 부력화시키는 장치인
 EBCOS를 취급하여 운전하면 된다.
 ※ PVN을 차단시키면 강제로 콕크를 제거하여 공기압을 빼 주어야 한다.

[SR코크와 BC코크의 역할]

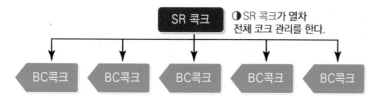

◑ BC 콕크는 전체 바퀴마다 관리를 한다.
◑ BC 콕크는 기존에 들어가 있던 공기를 빼준다.

예제 다음 중 4호선 VVVF 전기동차 MR압력 저하 시 현상에 대한 설명으로 틀린 것은?

가. TGIS "EB(비상제동)"표시 및 BC Bar 비상제동 압력 표시

나. BC압력계 3(kg/㎠) 이상 현시 시

다. 주공기 압력 6.5(kg/cm^2) 이하 현시

라. 장시간 방치 시 M차 Pan하강, 출입문 작동불능 및 비상제동 걸림

해설 전기동차 MR압력 저하 상태로 장시간 방치 시 M차 Pan하강, 출입문 작동불능 및 주차제동 걸림
 [MR 압력 저하 시 현상]
 ① TGIS "EB(비상제동)"표시 및 BC Bar 비상제동 압력 표시(EBCOS가 MRPS보다 앞에 있으므로
  EBCOS가 MRPS동작을 사전에 방지해 준다.)
 ② BC압력계 3(kg/㎠) 이상 현시 및 주공기 압력 6.5(kg/cm^2) 이하 현시(MRPS가 동작하면 안전루
  프회로가 소자(BER, EBR소자)되어 동력운전이 불가능하다. 즉, 이미 "EB(비상제동)"가 걸려 있으
  므로 동력운전 불가)
 ③ 동력운전 불능(BER, EBR 무여자)
 ④ 장시간 방치 시 M차 Pan하강, 출입문 작동불능 및 주차제동 걸림

다음 중 4호선 VVVF 전기동차 MR압력 저하 시 기관사의 조치사항으로 틀린 것은?

가. 공기 누설량이 미미할 경우 사령에 통보 EBCOS취급 잔여 운전

나. 주공기 압력 3.0kg/cm² 이하 시 관제사에게 통보 EBCOS 취급 잔여 운전

다. 중간연결기 누설 시는 양방향 MR관 차단하고 CM이 1개 쪽인 CMCN 차단 잔여 운전(CM 동기 구동회로 차단)

라. 전, 후부 TC(TC1, TC2)차 주공기관 파열 시는 TC 차와 M차간 주공기관 차단하고, CM정지시키고(CMN, CMKN OFF) EBCOS 취급하여 회송조치

전기동차 MR압력 저하 시 기관사는 주공기 압력 5.0kg/cm² 이하 시 관제사에게 통보하고, EBCOS 취급 잔여 운전한다.

다음 중 4호선 VVVF 전기동차 MR압력 저하 시 조치에 대한 설명으로 틀린 것은?

가. 주공기 압력 5.0kg/cm² 이하 시 관제사에게 통보 EBCOS 취급 잔여 운전

나. 전, 후부 TC(TC1, TC2)차 주공기관 파열 시는 TC 차와 M차간 주공기관 차단하고, CM정지시키고 EBCOS 취급하여 회송조치

다. 공기 누설량이 미미할 경우 사령에 통보 EBCOS취급 잔여 운전

라. 중간연결기 누설 시는 양방향 MR관 차단하고 CM이 2개 쪽인 CMCN 차단 잔여 운전

중간연결기 누설 시는 양방향 MR관 차단하고 CM이 1개 쪽인 CMCN 차단 잔여 운전

제14장

주차제동 풀기 불능 시·
일부차량 제동불완해 발생 시

제14장

주차제동 풀기 불능 시·일부차량 제동불완해 발생 시

1. 주차제동 풀기 불능 시

조치 35 주차제동 풀기 불능 시

> **[PBN(NFB for Parking Brake: 주차제동회로차단기)]**
>
> 1) 주차제동시키기 위한 PVN
> 2) 각 차에 공기 공급용 PVN
>   -PBPS(Parking Brake Pressure Switch: 주차제동압력스위치)
>   -PAR('PBPS' Aux. Relay: 주차제동압력스위치 보조계전기)

[주차제동 풀기 불능 시 현상]

① TGIS 화면에 주차제동 "ON"표시

② 동력운전 불능(PAR: 전, 후부차에 PAR있으므로 동력운전 불능)

[주차제동 풀기 불능 시 원인]

① PBN OFF (PBN OFF되면 주차제동은 "ON"

② PBS1,2 스위치 접촉 불량(PAR여자 못 시킨다.)

③ MR 공기 급강하로 PBPS 동작($3.5 - 4.5 \text{kg/cm}^2$)시

※ 0호(TC1), 9호(TC2): PAR계전기 들어가 있다. 나머지 차: PAR없고 공기만 들어가 있다.

※ PVN박스 안에 BPBS가 있다.

※ PBPS: 디젤차, 1호선차(저항차) 구원연결 시 필요한 공기공급장치

[주차제동 풀기 불능 시 조치]

① 주차제동 완해스위치(PBS2) 취급

② PVN확인 복귀(전, 후부운전실)

③ 주차제동 전자변 수동조작기구 취급

④ 양쪽 TC차 주차제동 수동완해 당김고리 취급(2개)

※ PVN 'OFF' 되므로 공기가 밖으로 빠져 나오지 못한다. 여기서 해결사 SR콕크 또는 BC1,2콕크가 등장하게 된다.

※ 전, 후부운전실 PBN복귀 불능 시는 EBCOS를 취급하여 비상제동을 풀어준 다음 해당 차 SR콕크 또는 BC1,2콕크 취급하고 동력운전하여야 한다.

[제동장치 내에서의 MR공기에서 주차제동, 상용제동, 비상제동, 보안제동까지]

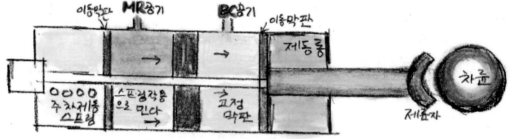

예제 다음 중 4호선 VVVF 전기동차 주차제동 풀기 불능 시 현상 및 원인사항으로 틀린 것은?

가. PBN OFF

나. TGIS 화면에 주차제동 "ON"표시

다. MR 공기 급강하로 PBPS 동작(3.5-4.5kg/㎠)시

라. PBS 스위치 접촉 불량

해설 PBS1,2 스위치 접촉 불량이면 주차제동 풀기 불능 상태가 된다.

[주차제동 풀기 불능 시 현상]
① TGIS 화면에 주차제동 "ON"표시
② 동력운전 불능(PAR: 전, 후부차에 PAR있으므로 동력운전 불능)

[주차제동 풀기 불능 시 원인]
① PBN OFF (PBN OFF되면 주차제동은 "ON")
② PBS1,2 스위치 접촉 불량(PAR여자 못 시킨다.)
③ MR 공기 급강하로 PBPS 동작(3.5-4.5kg/㎠)시

2. 일부 차량 제동 불완해 발생 시

조치 36 일부 차량 제동 불완해 발생 시

① BC(Brake Cylinder)

② NRBR(NFB No Release Brake Relay: 제동불완해계전기)

③ 각 차 PBN(NFB Pneumatic Brake: 공기제동)

[일부 차량 제동 불완해 발생시 현상]

① TGIS화면에 '제동불완해" 현시

② 동력운전 불능(NRBR)

※ NRBR이 소자되면 동력 운전이 불가능하다.

※ BCPS에 $1.0kg/cm^2$/5초 압력 남아 있을 때 NRBR현상이 일어난다. 이렇게 되면 동력 운전이 불가능해진다.

[일부 차량 제동 불완해 발생시 원인]

① 전공변환변, 중계변 등 제동용 기기 고장(BC(Brake Cylinder))

② 정차 시 또는 제동 중 PBN차단(TGIS 화면에 현시되지 않음)

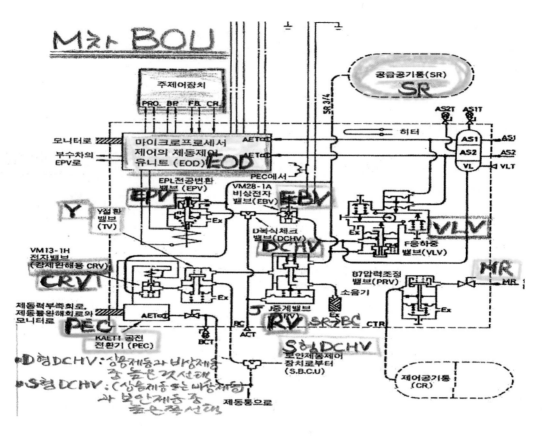

[일부 차량 제동 불완해 발생시 조치]

① TGIS화면으로 고장 차량 확인

② 전부운전실에서 정차 중 EBRS 취급

③ 불능 시 해당 차량 BC콕크 차단

※ 제동 불완해 검지 시 EBRS취급으로 → 1.0kg/cm² 없애주면 제동을 원격으로 풀어준다.

[EBRS(Emergency Brake Release Switch: 신속완해스위치)]

- PBN(Parking Brake) ↔ EBCOS취급
- PBN(NFB Pneumatic Brake: 공기제동) ↔ EBRS(CPRS)취급
- KORAIL: CPRS(Cylinder Pressure Release Switch: 실린더공기완해), 4호선 신형차에 CPRS도입

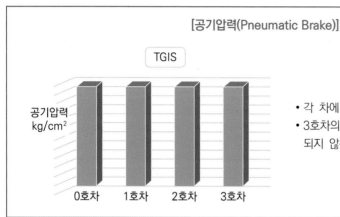

[공기압력(Pneumatic Brake)]

TGIS

공기압력
kg/cm²

0호차   1호차   2호차   3호차

• 각 차에 PBN은 모두 설비되어 있다.
• 3호차의 PVN이 차단되면 공기압력은 현시
  되지 않는다.

예제 다음 중 4호선 VVVF 전기동차 제동불완해 발생 시 원인 및 조치사항으로 틀린 것은

가. 정차 시 또는 제동 중 PBN차단   나. 전공변환변, 중계변 등 제동용 기기 고장
다. 전부운전실에서 정차 중 EBRS 취급   **라. 불능 시 해당 차량 MR콕크 차단**

해설 불능 시 해당 차량 BC콕크를 차단한다.

[제동불완해 발생 시 원인]
① 전공변환변, 중계변 등 제동용 기기 고장(BC(Brake Cylinder))
② 정차 시 또는 제동 중 PBN차단(TGIS 화면에 현시되지 않음)

[제동불완해 발생 시 조치]
① TGIS화면으로 고장 차량 확인
② 전부운전실에서 정차 중 EBRS 취급
③ 불능 시 해당 차량 BC콕크 차단

제15장

운전 중 MCN 차단(트립) 시·
운전 중 HCRN 차단 시

제15장

운전 중 MCN 차단(트립) 시·운전 중 HCRN 차단 시

1. 운전 중 MCN 차단(트립) 시

조치 37 운전 중 MCN 차단(트립) 시

※ MCN(NFB for"MC"): 주간제어회로차단기

※ MCN: 한 번 Pan이 올라가고 나면 MCN은 Pan을 주로 관리한다.

[주간제어기]

–운전실 전면 데스크에 장착되어 차량의 속도/제동 및 방향을 제어하는 데 사용된다.

–열차의 자동운전 모드 시 주간제어기의 상면에 있는 출발버튼 스위치를 눌러 열차를 출발시킬 수 있다.

1) 역행/제동제어 핸들 기능

역행/제동제어 핸들(주간 제어기)은 차량의 속도/제동을 제어하는데 사용하며 핸들에는 다음과 같이 4개의 위치가 있다.

① 역행(P1~P4): 전동차를 움직이기위해 취급하는 위치

② 타행(O): 중립 위치

③ 상용제동(B1~B7): 전동차를 정지 시키기 위해 Brake를 취급하는 위치

④ 비상제동(EB): 비상 사태 발생시 즉시 열차를 정 지시키기 위한 위치

2) 전진/후진 핸들 기능

─전진/후진 핸들은 차량의 방향을 제어하는 데 사용한다.

─핸들에는 다음과 같은 3개의 위치가 있다.

　① 전진(F): 전동차를 앞으로 진행시킬 때 위치

　② 중립(N): 중립 위치

　③ 후진(R): 전동차를 후진으로 운전시

[주간제어기(마스콘: Master Controller: MC)]

3) 키장치

키장치는 전진/후진 핸들 및 역행/제동제어 핸들을 기계적으로 잠그거나 풀기 위해 사용되며 다음과 같은 2개의 위치가 있다.

① ON: 핸들을 사용하기위해 잠금장치를 푸는 위치

② OFF: 모든 스위치 취급을 종료 후 잠그는 위치

키장치의 조작(기계적 연동)은 아래와 같다.

① 주간제어기 키이는 "OFF" 위치에서만 삽입, 탈거할 수 있다.

② 주간제어기 키이가 "ON" 위치에 있을 때만 역행/제동제어 핸들, 전진/후진 핸들이 순차

적으로 조작할 수 있다.

4) 출발버튼 스위치

① 출발버튼 스위치는 열차의 자동운전 모드 시 출발지령용 스위치로 사용된다.
② 열차가 자동으로 출발할 수 있는 준비가 완료되면 녹색 등을 점등시켜 출발을 할 수 있
도록 한다.

[주간제어기(마스콘: MC)의 키장치]

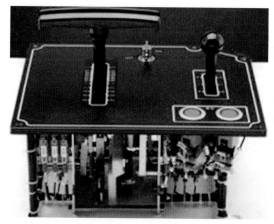 

[운전 중 MCN 차단(트립) 시 현상]

① 전차량 MCB차단
② TGIS화면에 모든 MCB 'OFF' 표시 ('ON'표시되어 있는 차: 고장차)
③ HV(High Voltage: 전차선전압계) = '0'현시
④ CIIL(Catenary Interrupt Indicating Lamp: 가선정전표시등) 소등 상태
※ CIIL 소등 상태란 Pan이 상승되어 붙어있는 상태이므로 CIIL은 OFF상태이다.

[운전 중 MCN 차단(트립) 시 조치]

① MCN 확인, 복귀(일반적으로 HCR전부차제어계전기), 즉 HCR의 MCN이 트립했기에 일
어나는 현상이므로 MCN를 체크해 보고 복귀시킨다.)
② 복귀 불능 시 후부운전실(TCR)에서 MCB투입하여 밀기(추진)운전

예제 다음 중 4호선 VVVF 전기동차 운행 도중 MCN 트립 시 현상으로 틀린 것은?

가. TGIS화면에 모든 MCB 'OFF '표시

나. HV(High Voltage: 전차선전압계) ='0'현시

다. CIIL점등 상태

라. 전차량 MCB차단

해설 MCN 트립 시는 CIIL소등 상태가 된다.
  [현상]
  ① 전차량 MCB차단
  ② TGIS화면에 모든 MCB 'OFF' 표시 ('ON'표시되어 있는 차: 고장차)
  ③ HV(High Voltage: 전차선전압계) ='0'현시
  ④ CIIL소등 상태

예제 다음 중 4호선 VVVF 전기동차 운행 도중 MCN 트립 시 현상으로 틀린 것은?

가. 전차량 MCB차단

나. HV(High Voltage: 전차선전압계) ='0'현시

다. TGIS화면에 모든 MCB 'OFF '표시

라. THFL 점등

해설 MCN 트립과 'THFL(중고장계전기) 점등'은 관계가 없다.

2. 운전 중 HCRN 차단(트립) 시

조치 38 운전 중 HCRN 차단(트립) 시

처음에는 HCRN을 통해 ACM을 구동, 그 이후로는 HCRN계전기를 거치지 않고 ACMN을 거쳐 ACM을 구동)

① HCRN(NFB for HCR(Head Control Relay: 전부차 제어계전기 회로차단기)

② EMV (Emergency Brake Magnetic Valve 비상제동 전자변)
- 상시제어방식(항상 여자되어 있다가)으로 제동핸들 비상위치나 안전루프회로 개방 시 무여자되어 비상제동을 체결한다.
③ ACM(Aux. Compressor Motor: 보조공기압축기)
- ACMS는 운전실과 각 M차 분전함에 설치되어 있어 이들 중 한 곳을 선택·취급하면 전 차량의 ACM은 구동
- 운전실에서 취급 시 ACMS의 전원은 HCRN(전부차제어계전기차단기)에서 공급받는다.
- 배터리 부족 시 M차에서 ACMN(ACM회로차단기)에서 전원을 공급받는다.

[운전 중 HCRN 차단(트립) 시 현상]
① 비상제동 체결 (HCRN 트립되면 비상제동 걸린다. 이 경우 전기가 흐르지 않으므로 안전루프회로 EMV여자시킬 수 없다.)
② TGIS화면에 'EB' 표시
③ TGIS화면 및 공기압력계에 BC(Brake Cylinder) 압력 약 3.0kg/cm^{2}현시
④ ADU(Aspect Display Unit: ATC차내신호기)무현시(ATC관련)
⑤ Door등 소등(TCR에서 연결)
※ 안전루프회로는 HCR과 TCR을 크게 묶음으로써 HCRN, BVN 차단 시 모든 차량의 비상제동을 작동시켜주는 안전회로이다.

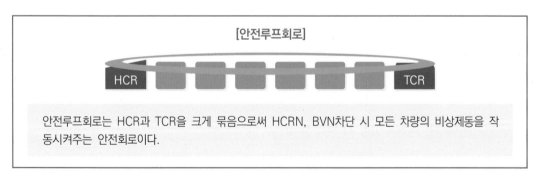

[안전루프회로]

안전루프회로는 HCR과 TCR을 크게 묶음으로써 HCRN, BVN차단 시 모든 차량의 비상제동을 작동시켜주는 안전회로이다.

※ MCN, HCR, BVN, DIRS는 기관사 왼손 밑에 있어야 차단기를 원위치시킬 수 있다.
- 중요한 계전기로서 운전실 기관사 왼손 밑에 있다.
- 운전실의 기관사 왼손 밑에 위치한 이유는 언제든 기관사가 NFB(퓨즈 없는 차단기

가 트립되면)를 원위치시킬 수 있어야 하기 때문이다.

[운전 중 HCRN 차단(트립) 시 조치]

① HCRN 확인, 복귀
② 제동 핸들 7스텝에서 안전루프회로 구성(7 Step되어야지만 BER, EBR, 여자시키고 그 탄력으로 EMV(안전루프회로)까지 여자시키게 된다.)
③ 복귀 불능 시 후부운전실에서 밀기(추진)운전

※ 핸들을 투입하면 4개의 HCR과 4개의 TCR이 작동한다. 만약 HCRN이 차단되어 작동하지 못하면 TCR로 가서 4개의 HCR과 4개의 TCR을 작동시킨다. 이것을 TCR에 의해 뒤에서 밀고 가는 추진운전이라고 한다.

[핸들 투입했는데 HCRN차단으로 작동이 안 될 때(4개 HCR 여자를 못 시킨다)]

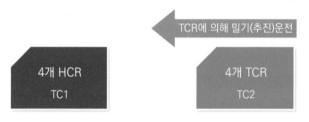

[참고]

기동 전 HCR 차단 시 ACM구동 불능, Pan싱승 불능 및 MCB 투입 불능

HCRN과 MCN의 기동 전 관리 대상
① HCRN: ACM, Pan, MCB 관리
② MCN: Pan, MCB관리 (ACM (X))

[주요 기기인 MCN, HCRN 고장 시 역행 불가]

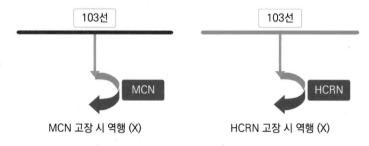

전, 후부 운전실 BVN 트립 시·
전, 후부 운전실 PBN 차단 시·
ATCN 또는 ATCPSN 차단 시

제16장

전, 후부 운전실 BVN 트립 시·전, 후부 운전실 PBN 차단 시·ATCN 또는 ATCPSN 차단 시

1. 전, 후부 운전실 BVN 차단 시

조치 39 전, 후부 운전실 BVN 차단(트립) 시

BVN(NFB for "Brake Valve": 제동변 회로차단기)

[전기동차 중요 기기]
① MCN
② HCRN
③ BVN
※ BVN: 모든 제동을 관리하는 중요한 제동기기
※ 운전실 BVN차단: 비상제동

[전, 후부 운전실 BVN 트립 시 현상]
① 비상제동 체결
② TGIS화면에 'EB' 표시
③ TGIS화면 및 공기압력계에 BC압력 약 3.0kg/cm^2 현시

④ 전부운전실 BVN트립 시 '안전운전 합시다' 음성 출력

※ 음성('안전운전합시다')이 발생하는 2가지 요인(원인)

   1. 전부운전실 BVN트립 시 '안전운전 합시다' 음성 출력

   2. DSD(Driver Safety Device: 운전자안전장치): 기관사가 DSD를 계속 누르고 있으면 DSR 계전기를 여자시키지 못하므로 '안전운전 합시다' 음성 출력

[전, 후부 운전실 BVN 트립 시 조치]

① BVN확인, 복귀

② 제동핸들 7스텝에서 안전루프회로 구성(HCRN과 마찬가지로)(다시 복귀시켜야 EMV여자된다)

③ 전부운전실에서 복귀 불능 시 후부운전실에서 EBCOS 취급 후 밀기(추진)운전(BC(Brake Control)핸들 취급한 곳에서 EBCOS취급

④ 후부운전실에서 복귀 불능 시 전부운전실의 EBCOS 취급 후 잔여 운전

※ EBCOS: 밑에서 고장 등 문제가 생겼을 때 옆으로 By-Pass시키는 역할을 한다.

※ BVN이 떨어지면 EBCOS 취급해도 소용이 없게 된다. BVN이 맨 위에서 차단되므로 밑에서 EBCOS취급해도 효력이 없다(X).

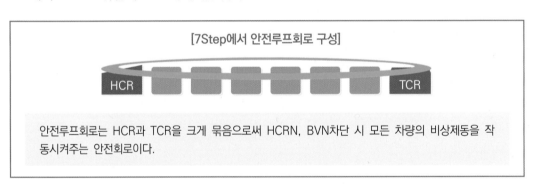

[7Step에서 안전루프회로 구성]

HCR   TCR

안전루프회로는 HCR과 TCR을 크게 묶음으로써 HCRN, BVN차단 시 모든 차량의 비상제동을 작동시켜주는 안전회로이다.

2. 전, 후부 운전실 PBN 차단(트립) 시

조치 40   전, 후부 운전실 PBN 차단(트립) 시

① PBN (NFB for Parking Brake: 주차제동회로차단기)

② PBPS(Parking Brake Pressure Switch: 주차제동압력스위치)

③ PAR("PBPS" Aux. Relay: PBPS보조계전기)

[중요 차단기(NFB)]

MCN, HCRN, BVN, PVN

※ PVN: 전후부PAR("PBPS" Aux. Relay: PBPS보조계전기)관리

　　나머지 8차량: 공기 제동(Pneumatic Brake)만 관리

[전, 후부 운전실 BVN 트립 시 현상]

① 비상 제동 체결

② TGIS화면에 'EB'표시

③ TGIS화면 및 공기압력계에 BC(Brake Cylinder)압력 약 3.0kg/cm² 현시

④ 해당 차량은 TGIS화면에 BC(Brake Cylinder)압력 무현시

⑤ 해당 차량 제동 불완해 발생

⑥ 해당 차량에 주차제동 스위치(PBS(parking Brake Switch) ON 또는 OFF)취급 불능

⑦ EBRS(Emergency Brake Reset Switch: 비상제동완해스위치) 기능 상실(취급 불능) (NRBR
(제동불완해)현상 시 EBRS취급)

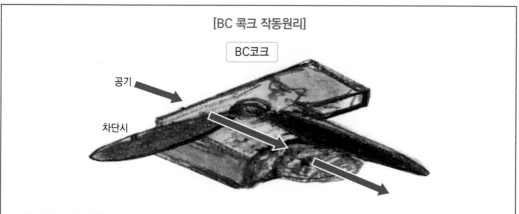

[BC 콕크 작동원리]

BC콕크

공기

차단시

• 공기 통로와 평행하게 공기가 들어가면 공기가 들어가게 된다.
• 차단기 쪽으로 스위치방향을 전환하면 공기가 들어가지 못하고 이미 들어가 있는 공기는 빠져나가게 된다.

[전, 후부 운전실 BVN 트립 시 조치]

① PBN(NFB for Parking Brake: 주차제동회로차단기)확인, 복귀

② 제동 핸들 7스텝에서 안전루프회로 구성(BVN과 같다)

③ 복귀 불능 시 EBCOS(Emergency Brake Cut-Out Switch)취급

④ 해당 차량 SR(Supply Reservoir) 콕크 또는 BC 콕크 취급(BC콕크 취급하면 Brake 작동

안 된다)

⑤ 제동축 비율에 의거 잔여 운전

※ SR(Supply Reservoir) 콕크: 공기를 가지 못하게 만드는 역할만 할 뿐 BC콕크처럼 제동
·작동 못한다.

[참고]

전, 후부운전실의 차량의 PBN차단되면 TGIS 화면에 해당 차량의 BC압력이 무현시되며, 복귀 불능 시 해
당 차량의 SR 콕크 BC 콕크를 취급하여야 한다. 비상제동과는 무관하다.

[BC콕크와 SR콕크]

[제동함 내부기기도(M차)]

예제 다음 중 4호선 VVVF전기동차 전후부 운전실 PBN 트립 시 현상으로 틀린 것은?

가. 해당 차량은 TGIS화면에 BC압력 무현시
나. 해당 차량에 주차제동 스위치 ON 또는 OFF 취급 불능
다. 전 차량 제동 불완해 발생
라. EBRS 기능 상실

해설 전후부 운전실 PBN 트립 시 해당 차량 제동 불완해 발생된다.

[전후부 운전실 PBN 트립 시 현상]
① 비상 제동 체결
② TGIS화면에 'EB'표시
③ TGIS화면 및 공기압력계에 BC(Brake Cylinder)압력 약 3.0kg/cm² 현시
④ 해당 차량은 TGIS화면에 BC압력 무현시
⑤ 해당 차량 제동 불완해 발생
⑥ 해당 차량에 주차제동 스위치 ON 또는 OFF 취급 불능
⑦ EBRS 기능 상실(취급 불능)

예제 다음 중 4호선 VVVF전기동차 전부 또는 후부 운전실 PBN 트립 시 현상으로 틀린 것은?

가. TGIS화면에 'EB'표시
나. 해당 차량에 주차제동 스위치 ON 또는 OFF 취급 불능
다. TGIS화면 및 공기압력계에 BC압력 약 3.0kg/cm² 현시
라. EBRS 기능은 주차제동 완해

해설 전부 또는 후부 운전실 PBN 트립 시 EBRS 기능 상실(취급 불능)
EBRS(Emergency Brake Reset Switch: 비상제동완해스위치)

예제 다음 중 4호선 VVVF전기동차 전후부 운전실 PBN차단으로 인한 비상제동 체결 시 조치사항으로 틀린 것은?

가. BVN확인 후 복귀
나. 제동 핸들 7스텝에서 안전루프회로 구성
다. 복귀 불능 시 EBCOS취급
라. 해당 차량 SR콕크 또는 BC 콕크 취급

해설 'PBN확인 후 복귀'가 맞다.

예제 다음 중 4호선 VVVF전기동차 고장 시 조치에 관한 설명으로 틀린 것은?

가. 전, 후부 운전실 PVN복귀 불능 시 BVN을 취급하여 비상제동을 푼 다음, 해당 차 SR콕크 또는 BC1,2 콕크를 취급 후 동력운전한다.

나. 운전 중 MCB복귀 불능 시는 후부 운전실에서 MCB투입하여 밀기(추진)운전한다.

다. 기동 전 HCRN차단 시 ACM구동 불능, Pan상승 불능 및 MCB 투입 불능

라. MTr온도 80도 이상 시 MTThR 동작으로 C/I개방된다.

해설 전, 후부 운전실 PVN복귀 불능 시 EBCOS를 취급하여 비상제동을 푼 다음, 해당 차 SR콕크 또는 BC1,2 콕크를 취급 후 동력운전한다.

예제 다음 중 4호선 VVVF전기동차 전후부 PBN 트립 시 현상이 아닌 것은?

가. 비상제동 체결

나. TGIS화면에 'EB'표시

다. TGIS화면 및 공기압력계에 BC(Brake Cylinder)압력 약 3.0kg/cm^2 현시

라. 해당 차량은 TGIS화면에 BC(Brake Cylinder)압력 현시

해설 해당 차량은 TGIS화면에 BC(Brake Cylinder)압력 무현시

예제 다음 중 4호선 VVVF전기동차 전후부 PBN차단으로 인한 비상제동 체결 시 조치사항이 아닌 것은?

가. 제동축 비율에 의거 15km/h로 운전

나. 복귀 불능 시 EBCOS취급

다. 제동 핸들 7스텝에서 안전루프회로 구성

라. PBN확인 후 복귀

해설 제동축 비율에 의해 잔여운전
[전후부 PBN차단으로 인한 비상제동 체결 시 조치사항]
① PBN(NFB for Parking Brake: 주차제동회로차단기)확인, 복귀
② 제동 핸들 7스텝에서 안전루프회로 구성(BVN과 같다)
③ 복귀 불능 시 EBCOS(Emergency Brake Cut-Out Switch)취급
④ 해당 차량 SR(Supply Reservoir) 콕크 또는 BC 콕크 취급
⑤ 제동축 비율에 의거 잔여 운전

예제 다음 중 4호선 VVVF전기동차 전후부 PBN 차단 시 현상 및 조치사항에 대해 틀린 것은?

가. 복귀 불능 시 EBCOS

나. PBN확인, 복귀

다. EBCR 여자로 전차량 비상제동 걸림 현상

라. TGIS화면에 제동 "EB"표시 및 해당 TC차 BC압력 Bar 소멸

해설 EBCR 무여자로 전차량 비상제동 걸림 현상

3. ATCN 또는 ATCPSN 트립 시

조치 41 ATCN 또는 ATCPSN 트립 시

[ATCPSN (NFB for ATC Power Suppply: ATC 전원공급회로차단기)]

① ATCN: ATC 전체 관리

② ATCPS: ATC POWER

③ ATCN: 홀로 담당하기 힘드므로 ATCPSN의 도움을 받는다(전원 공급 등)

④ ATCPSN: ATC 장치 내 전원공급을 담당하는 N.F.B.로 ATC RACK내에 설치

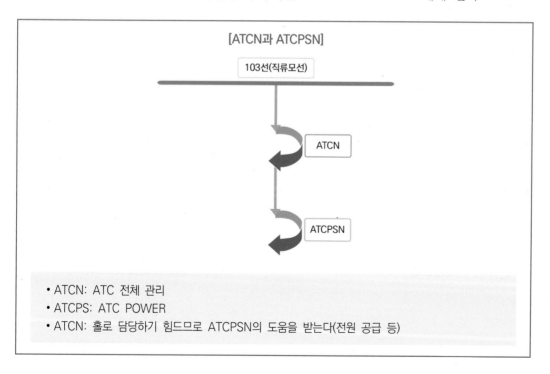

[ATCN과 ATCPSN]

103선(직류모선)

ATCN

ATCPSN

- ATCN: ATC 전체 관리
- ATCPS: ATC POWER
- ATCN: 홀로 담당하기 힘드므로 ATCPSN의 도움을 받는다(전원 공급 등)

[ATCN 또는 ATCPSN 트립 시 현상]

① 비상제동 체결

② TGIS 화면에 'EB'표시

③ TGIS 화면 및 공기압력계에 BC압력 약 $3.0kg/cm^2$ 현시

④ ADU(ATC차내신호기(차안의 속도계)) 무현시

[ATCN 또는 ATCPSN 트립 시 조치]

① 전부운전실 ATCN 또는 ATCPSN 확인, 복귀(NFB: 원인 소멸(문제 해결되면)되면 다시 올라간다)

② 제동 핸들 7스텝에서 안전루프회로 구성(원인 소멸 시(문제 해결되면) 다시 7스텝으로 BR, EBR여자하므로 안전루프회로가 구성되어 복귀된다)

③ 복귀불능 시 관제 승인 후 ATCCOS 취급 지령식 운전

[대용폐색방식]

• 지령식(서울교통공사만 사용)

• 통신식

• 지도통신식

※ 지도식: 후속열차 운행하지 않을 시 지도식 적용(KORAIL규칙)

[도시철도차량운전규칙(서울교통공사)]

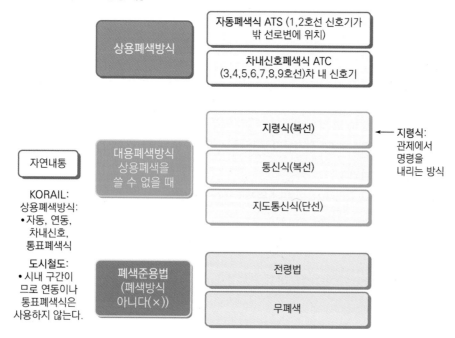

상용폐색방식
- 자동폐색식 ATS (1,2호선 신호기가 밖 선로변에 위치)
- 차내신호폐색식 ATC (3,4,5,6,7,8,9호선)차 내 신호기

대용폐색방식 상용폐색을 쓸 수 없을 때
- 지령식(복선) ← 지령식: 관제에서 명령을 내리는 방식
- 통신식(복선)
- 지도통신식(단선)

폐색준용법 (폐색방식 아니다(×))
- 전령법
- 무폐색

자연내통

KORAIL:
상용폐색방식:
• 자동, 연동, 차내신호, 통표폐색식

도시철도:
• 시내 구간이 므로 연동이나 통표폐색식은 사용하지 않는다.

[철도차량운전규칙(KORAIL)]

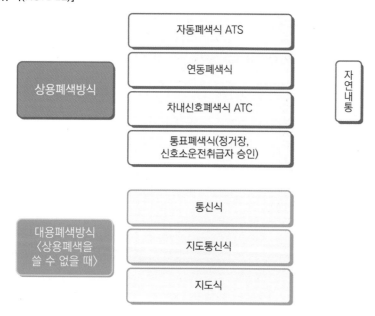

상용폐색방식
- 자동폐색식 ATS
- 연동폐색식
- 차내신호폐색식 ATC
- 통표폐색식(정거장, 신호소운전취급자 승인)

자연내통

대용폐색방식 〈상용폐색을 쓸 수 없을 때〉
- 통신식
- 지도통신식
- 지도식

[참고]

ATS 구간에서(고장 시) ATCPSN 차단 시 비상제동이 걸리므로, 비상제동 복귀 불능 시(EMV가 여자를 못하게 하므로) ATS구간에서도 ATCCOS를 취급해야 되는 경우가 있다(그러나 ATS와 ATC라인은 본질적으로 다르므로 ATS구간에서 ATCCOS를 취급해야 되는 경우는 거의 없다고 보아야 한다).

예제 **다음 중 4호선 VVVF전기동차 ATS/ATC 절환 불능 시 조치사항이 아닌 것은?**

가. CSCN확인 후 복귀

나. LCCOS 취급하고 ATS/ATC 절환스위치(CSCgS) 절환

다. ATCCOS취급

라. 제동핸들 7스텝위치

해설 ATCCOS취급은 ATC 차상장치 고장 시 취급한다.

예제 **구원연결 시 구원열차 기관사가 개방하여야 할 운전보안장치 중 맞는 것은?**

가. ATSCOS, ATCCOS

나. ATSN3

다. ATSN2

라. ATSN1

해설 구원열차 기관사가 개방하여야 할 운전보안장치는 ATSCOS, ATCCOS이다.

제17장

PanVN 차단 시·교류구간에서
MCBN1 차단 시·직류구간에서
MCBN2 차단 시

PanVN 차단 시·교류구간에서 MCBN1 차단 시·직류구간에서 MCBN2 차단 시

1. PanVN 차단(트립) 시

조치 42 PanVN 차단(트립) 시

① PanV(Pan Magnetic Valve: Pan전자변)
② PanVN(NFB for PanV: Pan전자변회로차단기(Pan상승 시 필요)
   - Pan 상승 라인: MCB, HCRN
   - Pan 올리기 직전 라인: Pan코크(공기 통해야 Pan 상승되므로) → PanVN(전자변 공기통로) 공기들어가 → Pan 상승

[PanVN 차단(트립) 시 현상]
① 해당 차량 Pan하강
② CIIL(가선정전표시등) 점등(운행 중 1개의 Pan이라도 하강 시 CIIL점등)
③ TGIS 화면에 해당 차량 MCB 'OFF'표시
④ 1, 4, 8호차인 경우 TGIS화면에 해당 차량(0,5,9호차) '정지'표시

[PanVN 차단(트립) 시 조치]
① 해당 차량 PanVN 확인, 복귀
② MCBOS 취급 후 MCBCS 취급

③ 복귀 불능 시 완전부동 취급(완전부동 취급 시: ADAN, ADDN 트립시킴)

④ 1, 4, 8호차인 경우 연장급전

⑤ 4/5출력으로 잔여 운전

[CIIL점등과 SIV정지 표시 시]

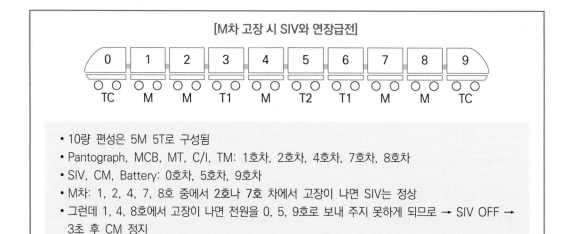

[M차 고장 시 SIV와 연장급전]

- 10량 편성은 5M 5T로 구성됨
- Pantograph, MCB, MT, C/I, TM: 1호차, 2호차, 4호차, 7호차, 8호차
- SIV, CM, Battery: 0호차, 5호차, 9호차
- M차: 1, 2, 4, 7, 8호 중에서 2호나 7호 차에서 고장이 나면 SIV는 정상
- 그런데 1, 4, 8호에서 고장이 나면 전원을 0, 5, 9호로 보내 주지 못하게 되므로 → SIV OFF → 3초 후 CM 정지

---

2. 교류구간에서 MCBN1 차단(트립) 시

조치 43 **교류구간에서 MCBN1 차단(트립) 시**

MCBN1: 교류구간에서 MCB차단회로에 관여하는 회로차단기

[교류구간에서 MCBN1 차단(트립) 시 현상]

① 1, 4, 8호차인 경우 해당 차량(0,5,9호차) SIV정지

② TGIS 화면에 해당 차량 SIV 'OFF'표시

③ 교직절연구간 운전 시 MCB차단 불능으로 해당 차량 MCB 'ON'표시

[교류구간에서 MCBN1 차단(트립) 시 조치]

① 해당 차량 MCBN1 확인, 복귀

② 교직절연구간 운전 시는 즉시 EPanDS취급

3. 직류구간에서 MCBN2 차단(트립) 시

조치 44 **직류구간에서 MCBN2 차단(트립) 시**

MCBN2: 직류구간에서 MCB차단회로에 관여하는 회로차단기

① ADAN → MCB1

② ADDN → MCB2

[직류구간에서 MCBN2 차단(트립) 시 현상]

① 해당 차량 Pan 하강(교류구간에서 Pan하강은 논하지 않았으나 직류구간에서는 Pan하강)(운행 중 1 개의 Pan이라도 하강하면 CIIL점등)

② CIIL점등

③ TGIS화면에 해당 차량 MCB 'ON' 표시

④ TGIS화면에 해당 차량 SIV 'OFF' 표시

⑤ 1, 4, 8호차인 경우 해당 차량(0, 5, 9호차) SIV 정지

[직류구간에서 MCBN2 차단(트립) 시 조치]

① 해당 차량 MCBN2 확인, 복귀(직류구간이라 MCBN2)

② PanUP취급하여 Pan 재상승

③ MCBOS 취급 후 MCBCS 취급하여 MCB 재투입

④ MCBN2 복귀 불능 시 해당 차량 완전부동 취급 후 1, 4, 8호차인 경우는 연장급전 취급

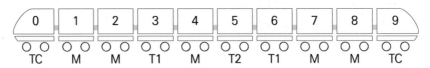

[M차 고장 시 SIV와 연장급전]

0	1	2	3	4	5	6	7	8	9
TC	M	M	T1	M	T2	T1	M	M	TC

- 10량 편성은 5M 5T로 구성됨
- Pantograph, MCB, MT, C/I, TM: 1호차, 2호차, 4호차, 7호차, 8호차
- SIV, CM, Battery: 0호차, 5호차, 9호차
- M차: 1, 2, 4, 7, 8호 중에서 2호나 7호 차에서 고장이 나면 SIV는 정상
- 그런데 1, 4, 8호에서 고장이 나면 전원을 0, 5, 9호로 보내 주지 못하게 되므로 → SIV OFF → 3초 후 CM 정지

제18장

서울교통공사 4호선
VVVF전동차 고장표시등 회로

제18장

서울교통공사 4호선 VVVF전동차 고장표시등 회로

조치 45 **서울교통공사 4호선 VVVF전동차 고장표시등 회로**

보통 때는 고장표시등이 꺼져 있어야 정상

① CDR(Brake Current Relay: 제동전류검지계전기)

② CF(Condenser Fan: 콘덴서 팬)

③ AK (Aux. Relay: 보조계전기)

1. POWER LAMP점등 회로

1) 동력운전 시

① 직류구간: Notch 취급으로 CF에 300V 이상 충전되어 LSWR(LS관련 접점) 시 (직류구간 HB 옆에 LSWR)

② 교류구간: Notch취급으로 CF에 900V 이상 충전되어 K1R 여자 시(AK 여자 시K1, K2여자)

2) 회생제동 시

① 회생제동 시는 전동기가 발전기로 전환하여 전기를 만들어 내는 상태이다.

② 제동 핸들 취급으로 회생제동 전류 100A 이상 유기되어 CDR 여자 시(만들어 낸 전기를 전차선으로 보낼 수 있는 조건)(공기제동으로는 100A이 나오지 않으므로 회생제동이 불가능하다)

예제 다음 중 4호선 VVVF전기동차 Power Lamp설명으로 틀린 것은?

가. 교류구간 제동 취급으로 회생제동 전류 300A 이상 유기되어 CDR 여자 시

나. 직류구간 역행취급으로 CF에 300V 이상 충전 시

다. 교류구간 역행취급으로 CF에 900V 이상 충전 시

라. 직류구간 역행취급으로 CF에 300V 이상 충전되어 K1R 여자 시

해설 '교류구간 역행취급으로 CF에 900V 이상 충전 시 K1R 여자 시' 또는 '직류구간 역행취급으로 CF에 300V 이상 충전되어 LSWR 시'

2. 중고장 표시등(THFL: Train Heavy Fault Lamp)

1) OPR 여자 시 (C/I계통 큰 고장) (OPR(Open Phase Relay: 결상계전기)

① AC구간 운행 중 MT 2차측(C/I측)에서 2,200A 이상 과전류 검지 시

② DC구간 운행 중 HB에 1,200A 이상의 과전류 검지 시(HB 다음에 LS)

③ 견인전동기 회로에서 2,200A 이상 과전류 검지 시

④ 전동기의 각 상간 전류 300A 이상 불평형 시(유도전동기 전류: U, V, W 3상으로 돌린다. U, V, W 간에 간혹 불평형이 생길 수 있다. 불평형이 생기면 AC만드는 데 지장이 있다.

⑤ CF 충전 불량 시(계전기 붙지 못함)

⑥ 제어전원 저전압 시(74V)

2) MCBOR1 여자 시(여자→차단)

AC구간 운행 중 주회로에 2,500A 이상 과전류 검출 시

3) MCBOR2 여자 시(MCB 사고차단의 조건 외우기!)

① ACOCR, GR, AGR동작 시

② MTOMR여자 시

③ AFR소자 시(녹아 내린다)(Fuse 녹으면 Reset 안 된다)

④ ArrOCR 동작 시

[학습코너] MCB에서 중요한 기기 (외우기!)

① MCBR1: MCB 투입조건
② MCBR2: MCB 자동재투입 방지
③ MCBOR1: AC구간 운행 중 주회로에 2,500A 이상 과전류 검출 시 여자
④ MCBOR2: ◎ ACOCR, GR, AGR동작 시 ◎ MTOMR여자 시 ◎ AFR소자 시 ◎ ArrOCR 동작 시 여자
⑤ MCB 붙여주고 떨어트리는 작용 코일
  • C-Coil: MCB 붙여준다.
  • T-Coil(Trip Coil): MCB차단(떨어트린다)시킨다.

3. ASF Lamp

① SIV 중고장 발생 시는 SIVMFR 의 여자로 ASF Lamp(ASF: SIV관련)가 점등된다(중고장 시 차측등(ASiLP)도 들어온다).
② 다음과 같은 경우에 중고장으로 처리된다.

[중고장으로 처리되는 경우]

① 경고장 발생 후 감시 시간 이내에 재차 고장 발생 시(60초 이내)(그 전에 SIV가 3초 이내 자기진단)
② AF단락 시(AC구간)
③ IVF단락 시(DC구간)
④ 과온 시
⑤ 충전 이상 시
⑥ 입력 전압 이상 시(입력 1,500V(DC) → SIV 380V(AC)출력)

4. CIIL(Catenary Interruption Indicating Lamp: 가선정전표시등)

① M차의 ACVR과 DCVR이 둘 다 소자되면 CIIL이 점등된다. (정전 시) (10개의 Pan 중 1개 Pan이 하강하여도 점등된다. 정전되면 물론 점등된다)
② M차의 회로가 병렬로 구성되어 있다. (운행 중 1개의 Pan이라도 하강 시 점등)

[4호선 VVVF전동차 고장표시등 회로]

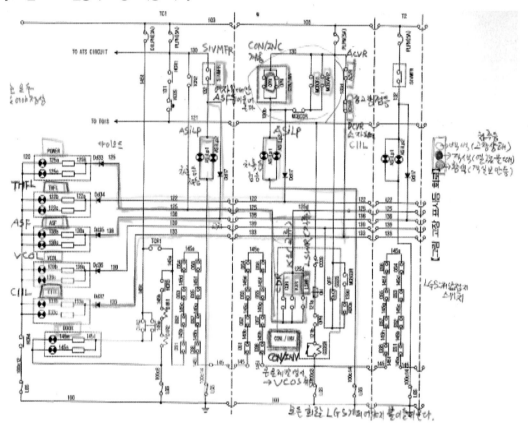

5. VCOL(Vehicle Cut-Out Switch: 차량개방표시등)

① VCOS취급 → OPR여자 시 → CCOR여자 → CCOS개방 및 VCOL점등
② VCOS 취급 → MCBOR2여자 시(MCB사고차단) → MCBCOR여자 → MCB재투입 방지 및 VCOL점등, THFL, 차측등 소등

[직류구간에서 일어나는 THFL]

- HB1,200V과전류
- 전동기회로 상불평등
  그 외 THFL은 교류(AC)에서 일어난다.

---

216 **철도 비상 시 조치** Ⅰ 4호선 VVVF 전기동차 고장 시 45개 조치법

6. ASiLP(Accident Side Lamp: 차측등) (백색 차측등)

① SIVMFR여자 시: 해당 차량 차측등 점등 → 0호차, 5호차, 9호차
② OPR, MCBOR1, MCBOR2 여자 시: 해당 차량 차측등 점등 → 1호차, 2호차, 4호차, 7호차, 8호차

예제 다음 중 4호선 VVVF전기동차 ASiLP 점등할 경우가 아닌 것은?

가. SIVMFR여자 시에는 해당 차량 차측등 점등
나. SIVMFR여자 시에는 0호차, 5호차, 9호차 차측등 점등
다. OPR, MCBOR1, MCBOR2 여자 시 해당 차량 차측등 점등
라. OPR, MCBOR1, MCBOR2 여자 시 0호차, 5호차, 9호차, 차측등 점등

해설 OPR, MCBOR1, MCBOR2 여자 시 1호차, 2호차, 4호차, 7호차, 8호차 차측등 점등된다.

예제 다음 중 4호선 VVVF전기동차가 승강장 정차상태에서 장시간 전차선 단전 시 조치사항으로 틀린 것은?

가. 구름방지 조치
나. Pan하강 및 MC 동작 정지
다. 축전지 방전방지 조치
라. 출입문 수동으로 개방상태 유지 및 승객유도

해설 Pan하강 및 BC 취거

[학습코너] 4호선 구원운전

1. 구원운전 취급 기기 및 스위치
   1) 구원운전 취급 기기
      1. 연결기 공기마개
      2. 12JP선 연결
      3. 공기 코크
      4. 103선 연결케이블

구원운전

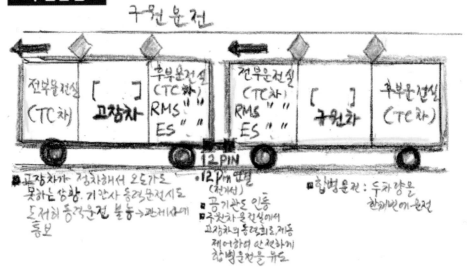

   2) RMS(Rescue Mode Select Switch: 구원운전 모드 스위치)
      – 1위치: VVVF 전기동차 상호 구원운전 시 선택하는 위치(고장열차도 VVVF, 구원열차도 VVVF일 때 1위치)
      – 2위치: VVVF 전기동차가 AD저항제어차를 구원운전할 경우
      – 3위치: 디젤기관차가 VVVF 전기동차를 구원운전할 경우
      – 4위치: AD저항제어차가 VVVF 전기동차를 구원운전할 경우
   3) ES(Emergency Switch: 비상스위치)
      – K(저항차)위치: AD 저항제어차와 구원운전할 경우
      – N(정상)위치: 상시 단독운전 시, 비상제동 풀기 불능으로 구원운전할 경우
      – S(VVVF & CHOPPER차)위치: VVVF차 동력운전 불능으로 구원 운전할 경우

[구원요구는 크게 2가지 유형]
(1) 비상제동이 풀리지 않아서 운전을 못하는 경우
(2) 동력운전 불가능한 경우

구원운전

전부운전실
(TC차) [　]
고장차 후부운전실
(TC차)
RMS " "
ES " " 전부운전실
(TC차)
RMS " "
ES " " [　]
구원차 후부운전실
(TC차)

12 PIN

■고장차가 정차해서 오도가도 못하는 상황, 기관사 동력운전시도 도저히 동력운전 불능→관제사에 통보

●12개 연결 (전기선) ● 공기관도 인통 ● 구원차 운전실에서 고장차의 동력회로, 제동 제어하여 안전하게 합병운전을 유도

■합병운전 : 두차량을 한꺼번에 운전

RMS와 ES

RMS(Rescue Mode Select Switch: 구원운전 모드 스위치)
• 1위치: VVVF 전기동차 상호 구원운전 시 선택하는 위치(고장열차도 VVVF, 구원열차도 VVVF일 때 1위치)
• 2위치:VVVF전기동차가 AD저항제어차를 구원운전할 경우
• 3위치:디젤기관차가 VVVF전기동차를 구원운전할 경우
• 4위치:AD저항제어차가 VVVF전기동차를 구원운전할 경우

ES(Emergency Switch: 비상스위치)
• K(저항차)위치:AD 저항제어차와 구원운전할 경우
• N(정상)위치: 상시 단독운전 시, 비상제동 풀기 불능으로 구원운전할 경우
• S(VVVF& CHOPPER차)위치: VVVF차 동력운전 불능으로 구원 운전할 경우(구원요구는 크게 2가지 유형 (1) 비상제동이 풀리지 않아서 운전을 못하는 경우 (2) 동력운전 불가능한 경우)

2. 구원연결 시 제동작용
  1) 4호선 VVVF차 동력운전 불능(고장차)으로 4호선 VVVF차가 구원운전(구원차) 시
     가) 연결 후 운전취급
        ① MR 관통, 12Pin Jumper 연결 (MR관 관통: 상용제동이나 비상제동에 상응하는 공기가 고장차에 들어가 주어야 함. 총 12개의 전기선이 연결되어야 한다(동력선, 상용제동선

(27,28,29선 등 포함), 방송선)

② 마주보는 운전실의 ES "S" 위치 취급 RMS "1"취급(구원차의 전부운전실, 고장차의 후부운전실)

③ Buzzer 및 승무원 연락 방송 시험(전기선이 제대로 되었는지 Buzzer도 눌러보고, 방송시험("목소리 잘들려요?")도 해보고. 잘 연결되었으면 12 Pin이 정상적으로 연결되었구나!)

④ 고장차, 구원차 BS 7 스텝 위치에서 안전루프회로 구성(구원차와 고장차의 최초 구원스텝을 BS 7 스텝으로 하면 서로 비상제동이 완해된다.)

구원운전

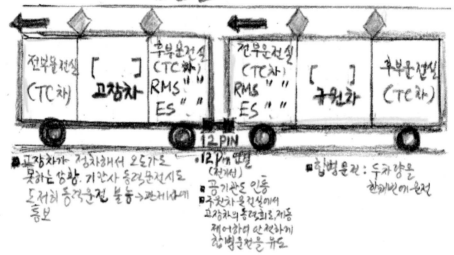

⑤ 고장차, 구원차 제동시험(구원차 기관사가 제동1-7단 취급 시 구원차에 제동 1~7단이 들어가는지, 또한 고장차의 기관사도 똑같은 과정를 거쳐 시험해 본다)

⑥ 구원차 ATS(ATC)COS 개방, 고장차는 정상위치

⑦ 구원차에서 운전취급(동력운전 및 제동)원칙

⑧ 운행 시 고장차의 DMS는 "ON"위치(기관사가 계속 누르고 있어야), MS(전후진스위치: 주간제어스위치)는 '전진' 위치, 제동핸들은 완해

나) ES 'S'(VVVF & CHOPPER차) 위치로 취급 시 조건

ES는 다음 조건이 모두 만족된 경우에만 S위치로 취급하여 사용할 수 있다.

(1) 동력운전 불능으로 구원운전하는 경우(만약에 비상제동 완해구원운전 시 S위치로 하면 비상제동이 안 풀린다.)

(2) 12 Pin Jumper 선이 연결된 경우(전기선이 모두 연결되어 S위치로 해야 의미가 있다)

(3) 고장차 및 구원차의 서로 마주보는 운전실차에서 취급

(4) 고장차 및 구원차 모두 제동핸들 7스텝 위치에서 안전루프회로 구성(구성한 다음에 상용제동 취급해 보는 등 검사한다.)

(5) 합병운전 시 고장차 MS는 'F'위치로 하고, 운행 중 DMS는 ON (눌러 주어야 한다)

　　위의 조건 중 하나라도 만족되지 아니하면 비상제동이 체결되어 오히려 정상운행에 방해가 된다.

2) 4호선 VVVF차 비상제동 해방 불능으로(고장차) 4호선 VVVF차가 구원운전(구원차) 시

　(가) 연결 후 운전 취급

　　(1) MR관통, 12 Pin Jumper 연결

　　(2) 고장차 SR 코크 개방(지금 고장차는 비상제동이 걸려있다. 기관사가 아무리 노력해도 비상이 안 풀린다. 고장차 공기관인 SR 코크를 개방하면 공기가 전부 빠져 비상제동 풀린다.)

　　(3) ES "N"위치 RMS '1'(VVVF차끼리 서로 합병운전이므로) 위치

　　(4) 승무원 연락 방송 시험

　　(5) 구원차 및 고장차 ATS(ATC)COS 개방 후 25km/h 이하 주의 운전(Pull-Out 운전 시: 고장차를 뒤에서 밀 경우) (왜? 25km/h 이하 주의 운전? 고장차 SR코크 모두 개방해서 위험하므로 최대한 저속도로 운전해야)

　　(6) 고장차만 ATS(ATC)COS 개방 후 주의운전(Pull-in 운전 시: 구원차가 고장차의 앞으로 와서 고장차를 끌고 가는 방식)

　　(7) 구원차에서 운전 취급(동력운전 및 제동)원칙

　(나) ES 'S'위치로 취급 금지(취급해서는 안 된다(X))

　　고장차 비상제동 해방불능으로 안전루푸회로가 개방되어 있으므로, ES를 'S' 위치로 취급해서는 안 된다. ES를 'S'위치로 취급하면 구원차도 비상제동이 걸리게 된다(못가게 된다). ES는 N 위치로 설정해 주어야 한다).

　(다) 연결 후 합병운전 시 작용

　　합병운전 시 동력운전과 제동취급은 구원차에서 하는 것을 원칙으로 하고 있는데 작용면에서 살펴보자.

　　(1) 구원차에서 상용제동 취급 시 구원차에만 상용제동이 체결된다(고장차의 SR 공기 다 빼냈기에 공기가 없다. 고장차는 상용제동 못한다).

　　(2) 고장차에서 상용제동 취급 시 고장차 및 구원차 모두 상용제동이 체결되지 않는다(반드시 구원차에서만 운전해 주어야 한다).

　　(3) 구원차에서 비상제동 취급 시 구원차에만 비상제동이 체결된다(고장차에서는 제동이 안 들어간다).

　　(4) 고장차에서 비상제동 취급 시 고장차 및 구원차 모두 비상제동이 체결되지 않는다(반드시 구원차에서만 운전해 주어야 한다).

　　(5) 구원차에서 보안제동 취급 시 구원차에만 보안제동이 체결된다.

　　(6) 고장차에서 보안제동 취급 시 고장차에만 보안제동이 체결된다(상용제동, 비상제동의 공기 루트하고 보안제동의 공기루트가 다르기 때문에 고장차만 보안제동이 체결된다).

　　(7) 고장차는 정차제동이 체결되지 않는다.

　　(8) 구원차에서 동력운전 중 고장차에서 보안제동 취급 시 구원차의 동력운전 회로를 차단하지 못하므로(위험하므로) 유의하여야 한다(고장차에서 기관사가 보안제동 취급하면 고장차만 보안제동 체결, 구원차에서는 보안제동 취급 안 되고, 동력회로도 계속 구성되어 있다. 이 경우 고장차는 제동이 체결되어 있는데 구원차가 앞으로 나아가게 되면 구원차가 고장차를 들이대어 받으면서 고장차 뒤쪽 편 위로 올라가게 된다).

예제 다음 중 4호선 VVVF 전기동차의 동력운전이 불능인 조건에서 4호선 VVVF 전기동차가 구원 시 운전취급에 관한 설명으로 틀린 것은?

가. 구원차 ATS(ATC)COS 개방

나. 고장차, 구원차 제동제어기 7단에서 안전루프회로 구성

다. MR관통, 12 Pin Jumper 연결

라. 마주보는 운전실의 ES "S" 위치 취급 RMS "2"취급

해설 마주보는 운전실의 ES "S" 위치 취급 RMS "1"취급

예제 다음 중 4호선 VVVF 전기동차의 동력운전이 불능으로 4호선 VVVF 전기동차가 구원운전 시 설명으로 틀린 것은?

가. 고장차와 구원차 제동완해 후 구원차에서 동력운전

나. 구원차에서 동력운전 중 고장차에서 비상, 상용, 보안제동 취급 시 구원차의 동력운전회로를 차단한다.

다. 고장차 및 구원차 전후부 운전실의 ES를 'S'위치로 한다.

라. 운행 중 고장차 및 구원차 DMS는 모두 ON한다.

해설 고장차와 마주 보는 운전실의 ES를 'S'위치로 한다.

예제 다음 중 전기동차가 구원운전 시 조치요령으로 틀린 것은?

가. 구원차의 운전보안장치(ATS 또는 ATC)기능을 차단한다.

나. 구원연결 후 구원차와 고장차의 MCB를 개방한다.

다. 구원차 및 고장차 간 연결기 연결 후 근소 퇴거를 하여 연결상태를 확인한다.

라. 구원연결 작업은 수전호에 의하여 수행한다.

해설 구원연결 후 구원차와 고장차의 주공기관을 개방한다.

예제 다음 중 기관사의 조치사항으로 틀린 것은?

가. 관제사에게 완료 통보 후 출발 나. 연결기 연결상태 확인

다. 운전보안장치 작동 라. 고장열차의 연결 및 제동시험

해설 운전보안장치 개방

4호선 VVVF전기동차 45개 고장 시 조치법과 관련된 추가 예상문제

예제 다음 중 4호선 VVVF전기동차 고장 시 조치방법으로 틀린 것은?

가. 주변압기 2차 과전류 시 1차 Reset하고, MCBOS 취급 후 MCBCS 취급한다.

나. AGR동작으로 복귀 불능 시 VCOS취급으로 연장급전한다.

다. 배전반의 MTOMN확인 후 리셋 취급, MCB 투입 후 복귀 불능 시 VCOS 취급한다.

라. AF용손 시 VCOS 취급 후 연장급전한다.

해설 배전반의 MTOMN확인 후 리셋 취급, MCBOS-MCBCS로 MCB 투입 후 복귀 불능 시 VCOS 취급한다.

예제 운행 중 정지신호 현시 시 기관사의조치에 대한 설명 중 가장 적절한 것은?

가. 운행 중 신호기에 신호 현시가 없는 경우 신호기 간의 연동 오류로 보아야 한다.

나. 정지신호에 의해 정차한 열차는 진행을 지시하는 신호(진행, 주의, 경계)가 현시될 때 운행가능하다.

다. 정지신호에 의해 정차한 열차는 주의신호가 현시되어도 진행할 수 없다.

라. 정지신호에 의해 정지한 열차는 반드시 수신호에 의하여 출발하여여 한다.

해설 운행 중 신호기에 신호 현시가 없는 경우 신호기 고장으로 보아야 한다.

예제 다음 중 완전부동취급 시기로 아닌 것은?

가. DCArr 동작 시   나. Pan하강 시
다. 디젤기관차 구원 시   라. EGS 용착 시

해설 'Pan파손 시'가 맞다.

[완전부동취급 시기]
- Pan파손 시   • ACArr, DCArr 동작 시
- 주휴즈(MFS)용손 시   • EGS 용착 시
- 디젤기관차 구원 시

예제 열차 운행 중 전차선 단전 시 현상이 아닌 것은?

가. 출입문 안전루프 차단 시 소등   나. 전차선 전원표시등(ACV, DCV) 소등
다. SIV 표시등 소등   라. MCB OFF등 점등

해설 전차선 전원표시등(ACV, DCV) 점등

예제 전기동차 고장으로 정차 시 기관사의 조치사항이 아닌 것은?

가. 제동이 풀리지 않을 경우 차장에게 재동통을 개방(AC, SR, BC1,2)을 지시한다.
나. 필요 시 객실의 환풍기 또는 냉방장치 최대한 가동하여 승객불만 최소화에 노력한다.
다. 차장에게 안내방송 지시 및 무전기 수신 대기를 지시한다
라. 관제사에게 현 상태를 신속 정확하게 보고한다.

해설 제동이 풀리지 않을 경우 기관사가 재동통을 개방(AC, SR, BC1,2)한다.

예제 다음 중 AC 구간에서만 동작하는 장치 및 기기로 맞는 것은?

가. Pan DS   나. ATS
다. ADDN   라. EGS

해설 EGS는 AC구간에서만 동작한다.

예제 다음 중 교교절연구간에서 중간 Pan이 절연구간에 정차 시 조치로 틀리는 것은?

가. 객실 AC등 소등 확인

나. 진행방향 맨 후부 유닛 PanVN OFF 취급

다. 정차 후 MCBR1 무여자시키기 위해 MCBCOS취급 후 MCBCS취급

라. 진행방향 맨 후부 유닛 베전반 내 ADAN, ADDN OFF(MCB차단)

해설 정차 후 MCBR2 무여자시키기 위해 MCBCOS취급 후 MCBCS취급

[중 교교절연구간에서 중간 Pan이 절연구간에 정차 시 조치]
① 진행방향 맨 후부 유닛 베전반 내 ADAN, ADDN OFF(MCB차단)
② 객실 AC등 소등 확인
③ 진행방향 맨 후부 유닛 PanVN OFF 취급

예제 전동차의 전부운전실이 고장인 경우의 조치로 후부운전실에서 운전할 경우 몇 km/h 이하의 속도로 운전할 수 있는가?

가. 25km/h   나. 35km/h

다. 40km/h   라. 15km/h

해설 후부운전실에서 운전할 경우 25km/h 이하의 속도로 운전한다.

예제 다음 중 4호선 VVVF전기동차에 관한 설명으로 틀린 것은?

가. 2호차 PanVN 차단 시 CIIL 점등

나. HCRN차단 시 비상제동 체결 및 출입문등 (Door) 소등

다. ATCN 또는 ATCPSN 차단 시 비상제동 체결 및 ADU현시

라. MCN 트립 시 HV(전차선 전압계) =0(V)현시

해설 ATCN 또는 ATCPSN 차단 시 비상제동 체결 및 ADU무현시된다.

예제 다음 중 4호선 VVVF전기동차 고장 시 고장처치 방법이 다른 것은

가. AGR동작 시   나. ACOCR동작 시

다. GR동작 시   **라. AFR 소자 시**

해설 AFR 소자 시는 휴즈가 용손되므로 ACOCR, AGR, GR처럼 Reset하지 못한다.

[국내문헌]

곽정호, 도시철도운영론, 골든벨, 2014.

김경유·이항구, 스마트 전기동력 이동수단 개발 및 상용화 전략, 산업연구원, 2015.

김기화, 김현연, 정이섭, 유원연, 철도시스템의 이해, 태영문화사, 2007.

박정수, 도시철도시스템 공학, 북스홀릭, 2019.

박정수, 열차운전취급규정, 북스홀릭, 2019.

박정수, 철도관련법의 해설과 이해, 북스홀릭, 2019.

박정수, 철도차량운전면허 자격시험대비 최종수험서, 북스홀릭, 2019.

박정수, 최신철도교통공학, 2017.

박정수·선우영호, 운전이론일반, 철단기, 2017.

박찬배, 철도차량용 견인전동기의 기술 개발 현황. 한국자기학회 학술연구발 표회 논문개요
집, 28(1), 14−16. [2], 2018.

박찬배·정광우. (2016). 철도차량 추진용 전기기기 기술동향. 전력전자학회지, 21(4), 27−34.

백남욱·장경수, 철도공학 용어해설서, 아카데미서적, 2003.

백남욱·장경수, 철도차량 핸드북, 1999.

서사범, 철도공학, BG북갤러리 ,2006.

서사범, 철도공학의 이해, 얼과알, 2000.

서울교통공사, 도시철도시스템 일반, 2019.

서울교통공사, 비상시 조치, 2019.

서울교통공사, 전동차구조 및 기능, 2019.

손영진 외 3명, 신편철도차량공학, 2011.

원제무, 대중교통경제론, 보성각, 2003.

원제무, 도시교통론, 박영사, 2009.

원제무·박정수·서은영, 철도교통계획론, 한국학술정보, 2012.

원제무·박정수·서은영, 철도교통시스템론, 2010.

이종득, 철도공학개론, 노해, 2007.

이현우 외, 철도운전제어 개발동향 분석 (철도차량 동력장치의 제어방식을 중심으로), 2018.

장승민·박준형·양진송·류경수·박정수. (2018). 철도신호시스템의 역사 및 동향분석. 2018.

한국철도학회 학술발표대회논문집, , 46−5276호, 국토연구원, 2008.

한국철도학회, 알기 쉬운 철도용어 해설집, 2008.

한국철도학회, 알기쉬운 철도용어 해설집, 2008.

KORAIL, 운전이론 일반, 2017.

KORAIL, 전동차 구조 및 기능, 2017.

[외국문헌]

Álvaro Jesús López López, Optimising the electrical infrastructure of mass transit systems to improve the

use of regenerative braking, 2016.

C. J. Goodman, Overview of electric railway systems and the calculation of train performance 2006

Canadian Urban Transit Association, Canadian Transit Handbook, 1989.

CHUANG, H.J., 2005. Optimisation of inverter placement for mass rapid transit systems by immune

algorithm. IEE Proceedings −− Electric Power Applications, 152(1), pp. 61−71.

COTO, M., ARBOLEYA, P. and GONZALEZ−MORAN, C., 2013. Optimization approach to unified AC/

DC power flow applied to traction systems with catenary voltage constraints. International Journal of

Electrical Power & Energy Systems, 53(0), pp. 434

DE RUS, G. a nd NOMBELA, G., 2 007. I s I nvestment i n H igh Speed R ail S ocially P rofitable? J ournal of

Transport Economics and Policy, 41(1), pp. 3−23

DOMÍNGUEZ, M., FERNÁNDEZ−CARDADOR, A., CUCALA, P. and BLANQUER, J., 2010. Efficient

design of ATO speed profiles with on board energy storage devices. WIT Transactions on The Built

Environment, 114, pp. 509-520.

EN 50163, 2004. European Standard. Railway Applications—Supply voltages of traction systems.

Hammad Alnuman, Daniel Gladwin and Martin Foster, Electrical Modelling of a DC Railway System with

Multiple Trains.

ITE, Prentice Hall, 1992.

Lang, A.S. and Soberman, R.M., Urban Rail Transit; 9ts Economics and Technology, MIT press, 1964.

Levinson, H.S. and etc, Capacity in Transportation Planning, Transportation Planning Handbook

MARTÍNEZ, I., VITORIANO, B., FERNANDEZ—CARDADOR, A. and CUCALA, A.P., 2007. Statistical dwell

time model for metro lines. WIT Transactions on The Built Environment, 96, pp. 1—10.

MELLITT, B., GOODMAN, C.J. and ARTHURTON, R.I.M., 1978. Simulator for studying operational

and power—supply conditions in rapid—transit railways. Proceedings of the Institution of Electrical

Engineers, 125(4), pp. 298—303

Morris Brenna, Federica Foiadelli, Dario Zaninelli, Electrical Railway Transportation Systems, John Wiley &

Sons, 2018

ÖSTLUND, S., 2012. Electric Railway Traction. Stockholm, Sweden: Royal Institute of Technology.

PROFILLIDIS, V.A., 2006. Railway Management and Engineering. Ashgate Publishing Limited.

SCHAFER, A. and VICTOR, D.G., 2000. The future mobility of the world population. Transportation

Research Part A: Policy and Practice, 34(3), pp. 171-205. · Moshe Givoni, Development and Impact of the Modern High—Speed Train: A review, Transport Reciewsm Vol. 26, 2006.

SIEMENS, Rail Electrification, 2018.

Steve Taranovich, Electric rail traction systems need specialized power management, 2018

Vuchic, Vukan R., Urban Public Transportation Systems and Technology, Pretice—Hall Inc., 1981.

W. F. Skene, Mcgraw Electric Railway Manual, 2017

[웹사이트]

한국철도공사 http://www.korail.com

서울교통공사 http://www.seoulmetro.co.kr

한국철도기술연구원 http://www.krii.re.kr

한국개발연구원 http://www.kdi.re.kr

한국교통연구원 http://www.koti.re.kr

서울시정개발연구원 http://www.sdi.re.kr

한국철도시설공단 http://www.kr.or.kr

국토교통부: http://www.moct.go.kr/

법제처: http://www.moleg.go.kr/

서울시청: http://www.seoul.go.kr/

일본 국토교통성 도로국: http://www.mlit.go.jp/road

국토교통통계누리: http://www.stat.mltm.go.kr

통계청: http://www.kostat.go.kr

JR동일본철도 주식회사 https://www.jreast.co.jp/kr/

철도기술웹사이트 http://www.railway—technical.com/trains/

색인

저자소개

원제무

원제무 교수는 한양 공대와 서울대 환경대학원을 거쳐 미국 MIT에서 교통공학 박사학위를 받고, KAIST 도시교통연구본부장, 서울시립대 교수와 한양대 도시대학원장을 역임한 바 있다. 도시교통론, 대중교통론, 도시철도론, 철도정책론 등에 관한 연구와 강의를 진행해 오고 있다. 최근에는 김포대 철도경영과 석좌교수로서 전동차 구조 및 기능, 철도운전이론, 철도관련법 등을 강의하고 있다.

서은영

서은영 교수는 한양대 경영학과, 한양대 공학대학원 도시SOC계획 석사학위를 받은 후 한양대 도시대학원에서 '고속철도개통 전후의 역세권 주변 토지 용도별 지가 변화 특성에 미치는 영향 요인분석'으로 도시공학박사를 취득하였다. 그동안 철도정책, 도시철도시스템, 철도관련법, SOC개발론, 도시부동산투자금융 등에도 관심을 가지고 연구논문을 발표해 오고 있다.
현재 김포대학교 철도경영과 학과장으로 철도정책, 철도관련법, 도시철도시스템, 철도경영, 서비스 브랜드 마케팅 등의 과목을 강의하고 있다.

철도 비상 시 조치 I

초판발행	2021년 5월 30일
지은이	원제무 · 서은영
펴낸이	안종만 · 안상준
편 집	전채린
기획/마케팅	이후근
표지디자인	이미연
제 작	고철민 · 조영환
펴낸곳	(주) 박영사
	서울특별시 금천구 가산디지털2로 53, 210호(가산동, 한라시그마밸리)
	등록 1959. 3. 11. 제300-1959-1호(倫)
전 화	02)733-6771
f a x	02)736-4818
e-mail	pys@pybook.co.kr
homepage	www.pybook.co.kr
ISBN	979-11-303-1303-0 93550

copyright©원제무·서은영, 2021, Printed in Korea

정 가   20,000원